AND THEN YOU'RE DEAD

What Really Happens If You Get Swallowed by a Whale, Are Shot from a Cannon, or Go Barreling Over Niagara

written by

CODY CASSIDY & PAUL DOHERTY

然後你就死了

被隕石擊中、被鯨魚吃掉、被磁鐵吸住
等45種離奇死法的科學詳解

柯迪・卡西迪 保羅・道爾蒂——著
呂奕欣——譯

柯迪：

獻給爸爸媽媽

保羅：

獻給保羅．提普勒教授（Paul Tipler）。他告訴我如何以有趣、有意義、好玩又正確的方式啟發學生，幫學生開啟科學之門

目次

引言

老實說，你不經意讀到訃聞時，是不是會忍不住直接跳到文末，看看人家是怎麼死的？要是發現上面根本沒解釋，或只以「意外身故」模糊帶過，是不是覺得失望透頂？這可憐人是在冰泳時凍死的嗎？被小行星壓扁的嗎？還是被鯨魚吞掉？有時候訃聞根本沒講。

就算別人告訴你死因，在訃聞中寫了令人玩味的細節，例如「不幸遭到巨大磁鐵殺害」，之後報導又跳到死者身後留下的近親。你只好獨自納悶，磁力竟然會致命。他們怎麼可以跳過最有趣的部分不寫呢！

我們了解你多麼失望，決心要解決這問題。就算訃聞再詳盡，我們也會把沒說的接續下去。

我們會告訴你，如果只穿短褲和T恤就跳進太空，究竟會發生什麼事。也會告訴你，為什麼波音公司不讓你打開七四七的窗戶，還會探討在大海最深處游泳時會碰上哪些問題。我們將詳細探討背後的科學，並描繪令你寒毛直豎的細節，但願你別嚇得胃抽筋。

換言之，這本書是恐怖小說大師史蒂芬・金（Stephen King），遇上科學巨擘史蒂芬・霍金（Stephen Hawking）。

探討這些恐怖故事的好處，在於你能在無意間學到一些科學和醫學知識，例如鯊魚在你身邊打轉時，你該怎麼辦（鼓勵牠吃掉你整條腿，不要只咬一塊肉）。

我們如何得知答案的？

如果情況允許，我們會說明膽大包天（或不幸）之人的親身經驗（或驗屍報告），推測你在桶中滾落尼加拉瀑布、把手伸進粒子加速器，或讓蜜蜂螫咬睪丸時會發生的情況。

但有些情況，是沒有任何第一手敘述可供參考的。目前沒有人真正跳入黑洞、在世界上最冷的澡盆泡澡，或挖個從美國通到中國的地洞鑽進去。

回答這類問題時，我們運用軍方研究（多虧了一九五〇年代的美國空軍，讓真人當作受試者，進行危及其生命的實驗）、醫學期刊、天文物理學家的假設，及很好奇香蕉皮有多滑的教授所做的研究。

尋找答案的過程中，有時我們會碰觸到人類知識的極限。若這本書在四十年前完成，我們應該會宣稱，至少在這個宇宙中，你不可能死於超大的廚房磁鐵。幸好這本書不在那麼久以前寫成，因為現在我們知道，磁力確實會致死，而且死得很精彩。

我們在思索各種恐怖死法時，常受限於科學領域的最新界線，因此不免得靠各種猜測——最有科學根據的精準猜測。不過，終究是猜測而已。

這表示，如果你嘗試我們提到的情況，例如從太空站高空跳傘、燕式跳水進入黑洞，或是躍入火山，你的經驗未必如同我們所描述的，甚至更糟的是，你根本沒死。若是如此，請容我們誠摯道歉。

屆時請不吝告知，本書再版時將予以修正。

飛機窗戶脫落會怎樣？

你大概和多數登上現代客機的旅客一樣，窗外的藍天白雲、夕陽餘暉，種種美景總讓你心醉神迷。你應該也和大多數人一樣，納悶要是窗戶掉了會發生什麼事？

答案是，取決於你的飛行高度。如果才剛起飛不久，高度低於兩萬呎（約六千零九十六公尺），那情況應該還好。在兩萬呎的高空，你大概還有半小時可以呼吸，之後才會昏過去，而氣壓差異也不足以把你吸到窗外。你可能會覺得有點冷，但只要穿著運動衫，倒也沒什麼問題。

不過，你會覺得很吵。風從窗戶的洞口灌進，把這架飛機變成全世界最大的笛子，這下子要請空服員過來就不容易了。大致而言，情況不算太糟，比窗戶在三萬五千呎（約一萬零六百六十八公尺）的巡航高度時脫落好太多了。

機艙內的空氣經過加壓，壓力大約和七千呎（約兩千一百三十四公尺）高度差不多，讓你能夠呼吸。若窗戶在三萬五千呎脫落，導致機艙內快速失壓，不免出些亂子。

首先，你會感覺到空氣從身體的每個洞口被吸出去。由於體內氣體是溼的，壓縮後會形成霧氣，這下子你就「七竅生煙」。由於每個人都發生這種情況，所以整架飛機瀰漫著眾人體內溢出的氣體……挺噁心的。

所幸空氣會被吸到窗外，機艙內的空氣將在幾秒之內恢復乾淨。但如果空氣不是從鄰座窗戶被吸出去，而是從你的窗戶，那就大大不妙了。

若你只隔掉落的窗戶兩個位子，即使氣流以颶風般的急速往機艙外吹，只要你安全帶繫得夠緊，風也不會把你吹跑。但如果你不幸選了靠窗座位，每小時三百哩（約四百八十三公里）的風速會把你從座位拉起，即使你繫著安全帶也一樣（在選座位時，應該沒多少人告訴你這項靠窗座位的缺點）。[1]

若你朋友坐在靠走道位子，他會比你安全的原因還有另一項：飛機窗戶的寬度比你的肩膀窄。根據哈佛大學一項對人體的研究指出，美國人平均肩寬約為十八吋（約四十六公分），但波音七四七窗戶的高度還不到十五．三吋（約四十公分）。所以你不會整個人被吸到窗戶外，只有一部分會被吸出去[2]——這對大家來說都是好消息。你不會從高得不得了的空中不停墜落，且對其他人而言，你的身體是個還不錯的塞子，可以堵住窗戶，減緩空氣逸散的速度，讓大家有多一點時間戴上氧氣面罩。

只是，你的麻煩才剛開始。

你首先察覺到的第一個環境變化，就是風。時速六百哩（約九百六十六公里）的狂風迎面而來，把你推往飛機牆壁，整個人呈現J字型。[3]

第二個現象則是很冷。三萬五千呎高空的溫度是攝氏零下五十三度，鼻子會馬上凍傷。

第三個問題你可能沒有發現，卻是最致命的問題。這時除了氣溫急速下降之外，氣壓的變化更劇烈。三萬五千呎的高空空氣稀薄，因此你每吸一口氣得到的氧分子，

---

1 為什麼差幾呎就有天壤之別？不妨這樣思考：你把浴缸塞子拔起來時，越靠近排水孔的地方，水吸住塞子的吸力也會急遽增加。飛機窗戶也是同樣的情況，而你就是這個浴缸塞子。

2 這就是現實生活和電影《007：金手指》（*Goldfinger*）情節的不同之處。金手指不會被吸到窗戶外，只會卡在窗戶上。

3 你不會被風按壓在飛機的某處，而是不斷撞擊飛機，原因在於振盪動力學（reverberation dynamics）。同樣的原理也說明為什麼風中的旗子會飄揚，而不是固定在一處不動。即使風看起來不變，實際上卻不是如此，而旗子就會一直處於改變與調整的狀態。你的改變與調整，就是臉頰反覆撞向機身。

根本不足以讓你生存，但你可能沒發覺自己在窒息。人體無法察覺氧太少，只有血液中的二氧化碳含量太多時，才會覺得喘不過氣。所以你若無其事地呼吸，可惜好景不常，你十五秒內就會昏迷，四分鐘之後就會腦死。

機上的每個人都一樣。一旦窗戶掉落，大家只有十五秒的時間可戴氧氣面罩，否則就會不省人事（如果你的上半身把窗戶堵好，或許能撐久一點）。其實八秒之後，大腦就會缺氧，可能會害你昏沉到忘記戴氧氣面罩。[4]

現在把情況整理一下：你快被吸到飛機外、臉不斷撞擊機身、身體凍傷、即將失去意識。但你應該沒料到，其實你不會死。只要機師動作快，在四分鐘內下降到兩萬英呎，你或許能保住一命。這情況千真萬確發生過。

一九九〇年，英國航空機長提姆．蘭開斯特（Tim Lancaster）讓飛機爬升到剛超過兩萬呎時，眼前的擋風玻璃竟然脫落。安全帶根本綁不住他，他馬上被吸往窗外，半個身子已在機外。駕駛艙內沒固定的東西都被吹走，艙門也掀起來，撞到操控裝置，導致飛機高度急速下墜。空服員奈傑．奧格登（Nigel Ogden）恰好在駕駛艙，剛好抓住了機長。他日後在接受《雪梨晨鋒報》（*Sydney Morning Herald*）的訪問時，回顧起這段經歷：

所有東西都被吸到機外，原本拴在地上的氧氣筒也飛起來，差點砸落我的腦袋。我拚命抓著機長，但我覺得自己也被往外吸。約翰跟在我後面衝進來，發現我節節敗退，於是緊抓住我的長褲腰帶，避免我繼續往前滑，還用機長座位固定肩膀的安全帶將我繫住。

我以為我抓不住機長，他整個人在窗戶外呈U字型，臉撞在窗上，鼻孔流血，手臂無助地揮動。

在擋風玻璃掉落後的十八分鐘，副駕駛操控飛機成功落地，這段期間，機長就在窗戶的另一邊，全程盯著他。後來消防隊員把姿勢怪異的機長救下來。機長幸運保住一命，只受到凍傷，外加

4　美國職業高爾夫球員佩恩．史都華（Payne Stewart）在一九九九年搭乘私人飛機時，就發生這種狀況。他的飛機在三萬呎（九千一百四十四公尺）高空失壓，機師來不及戴上氧氣面罩。由於失壓時，飛機是在自動駕駛模式，因此又繼續飛行了一千五百哩（約兩千四百公里），才因為燃料耗盡，墜毀於南達科他州。

幾根肋骨骨折。

由於客艙窗戶較小，你不必靠其他乘客奮不顧身救你一命——只要機師動作夠快，你不妨好好享受這段不太舒服，但是風景不錯的降落之旅。

被大白鯊攻擊會怎樣？

鯊魚和所有掠食者一樣，沒興趣按規矩來。若公平競爭，就算贏了也免不了受傷。動物要是受傷，動作快不起來，最後只得挨餓。因此，掠食者喜歡在風險低的情況下使出致命一擊，而你正是最完美的攻擊對象：你動作慢、力量弱，在水中根本不值一顧。幸好你嘗起來不怎麼可口。在海洋中的你就像松鼠一樣，骨頭多，脂肪不夠。但鯊魚是好奇的動物，常攻擊人類，尤其是危險性較低的小型鯊魚。

但也不盡然。大鯊魚也會主動攻擊。大白鯊可能長達二十呎（六公尺），就算只是試探性咬人一口，也可能奪人性命。話說回來，為什麼鯊魚要咬一口看看呢？

或許不是為了食物。研究人員曾把被鯊魚咬過的受害者重新縫合，發現沒有半塊肉不見。大白鯊咬人很可能和小朋友一樣，愛把盤中的豆子玩得亂七八糟，但整理之後，卻發現他們根本連半顆豆子都沒吃。鯊魚大概認為人類有夠難吃——老實說，我們應該覺得有點受辱。

既然人那麼難吃，鯊魚為什麼要咬人？常見的解釋是：鯊魚搞錯對象。這種說法是推測鯊魚把游泳的人類誤認為平日常獵食的海豹，一口咬下後卻發現搞錯了，像我們吃東西時偶爾會誤把鹽當作糖。這說法挺可信，可惜沒什麼科學證據支持。從鯊魚的觀點來看，衝浪者和海豹是有相似之處，但無法解釋為什麼鯊魚攻擊人類與海豹的方式差異很大。

研究人員把假人放進加了誘餌的水中，觀察鯊魚如何接近假人。鯊魚和攻擊海豹時不一樣。鯊魚在攻擊海豹時，會從下方展開致命突擊，但鯊魚卻在假人周圍打轉，繞了好幾圈才發動攻勢。而鯊魚咬人的性質也比較像在試探，咬下去便放開，不像攻擊海豹時大咬一口——這差別就像你喝新鮮牛奶及快過期的牛奶。

目前的證據顯示，鯊魚咬人並非因為搞錯，而是純粹好奇。鯊魚可偵測水壓的細微變化，從而感受四周動靜。游泳的人會動，要是發現有魚鰭出現，動得更快。這動作可能挑起大白鯊的興趣，而鯊魚似乎很遵守「若有疑問，先咬咬看再說」的政策。[5]

巧的是，許多掠食者都有相同的行為。若你有養貓，就可能看過貓也透過咬來探索環境。不過，鯊魚和你的貓咪試探一咬的結果，可有天壤之別。目前尚缺乏可靠的測量數據，顯示大白鯊咬一口的力道，但實驗倒是導出相同的結論：力道非常強勁。大白鯊確實有把人咬成兩半的先例，威力和斷頭台差不多俐落。

所以你在海浪間嬉戲時，可能已在不知不覺中引來好奇的大白鯊注意。

你當然可以覺得苦惱。這不是因為你會馬上被咬死，畢竟這情況的發生機率是微乎其微。你某天前往海邊的過程中，會先下樓梯去開車，這時你摔死的機率是被鯊魚咬死的十倍。你上了車，在開車途中死於意外的機率，或抵達沙灘並朝著大海前進時，在沙坑碰到崩塌意外而遭壓死的機率，都比被鯊魚咬死高。就算你避開沙坑、成功抵達浪潮間，還會面臨最大的威脅：溺斃。一旦你來到水中，溺死的機率是遭到鯊

---

5 請注意，這裡說的是大白鯊——也就是咬死最多人，但似乎不是出於飢餓的鯊魚品種。另一種鯊魚品種「遠洋白鰭鯊」（oceanic whitetip）則會刻意咬死人，把人吃掉。不過，遠洋白鰭鯊鮮少攻擊人類（通常是攻擊船難倖存者），因為牠們多出現在離人類很遠的遠洋，大白鯊則常在海灘附近出沒。最知名的遠洋白鰭鯊攻擊事件，是發生在一九四五年，日本即將投降之前。那時美國軍艦印第安納波利斯號（USS Indianapolis）在菲律賓附近遭到魚雷攻擊。九百名人員落水時仍活著，但因為通訊不良，四天後仍未獲救。這次騷動引來遠洋白鰭鯊的注意，開始大啖海軍。等生還者獲救時，鯊魚已吃了一百五十人。

魚咬死的一百倍。

但假設你運氣好，逃過這些劫難，後來又真的很倒霉，有隻大白鯊決定過來吃點東西。

鯊魚喜歡從下方與後方攻擊，因此你的腿可能成為目標。牠們用餐禮儀很差，不懂得細嚼慢嚥。鯊魚靠著甩頭與擺動身體來撕扯獵物。從獵物骨頭上的螺旋狀齒痕，即可看出鯊魚喜歡把肉鋸開，然後整個吞下。

好消息是，七〇%的攻擊只咬了一口。壞消息是，大白鯊這麼一咬又用力一扯，便足以咬斷你的腿。話說回來，這對你來說或許是不幸中的大幸。

腿部被咬時，最危險的情況是股動脈斷裂。一般來說，動脈受傷比靜脈受傷危險，因為動脈經過加壓，把血液帶離心臟，割斷時血會用噴的，但靜脈的血只會緩緩淌出。

股動脈負責把氧氣送到你整條腿，每分鐘有將近五%的血量，會流經股動脈，因此要是斷裂，情況特別危險。

你的存活機會，取決於鯊魚如何咬你的腿。如果每分鐘流失五%的血，人體無法承受，失血持續四分鐘就會死亡。你大概認為，要是股動脈被咬斷就死定了。但情況未必如此。

你在讀這段文字的此刻，股動脈是受到一點點張力的，像拉開的橡皮筋。如果鯊魚咬得**乾淨俐落**，血管會稍微彈回你腿部的殘肢，你的肌肉可以把它拴緊，稍微減緩鮮血流出的速度，給你一點時間找止血帶。但如果鯊魚咬得不均勻或不平整，動脈就無法正確縮回，這情況可就不妙了。你會在三十秒內昏厥，陷入循環性休克（circulatory shock）——這是一種致命的正回饋機制。你的肌肉組織會缺血壞死、腫脹，阻礙身體其他部分的血液流動，導致問題惡化。

若你的股動脈斷裂得不平均，你遭到攻擊後四分鐘就會失去二〇%的血液，進入危急階段。你的心臟需要一定的血壓才能跳動，一旦失去二〇%的血量，血壓就會低於最低限度，過不了幾分鐘就會完全腦死。

這前提是：你夠幸運，而鯊魚確實如預期從後方攻擊你。鯊魚正面攻擊你頭部或軀幹的可能性雖然較低，但後果更嚴重。沒了頭問題很大，第一，你的大腦在頭裡，第二，止血帶用在腿上的效果比頸部要好（詳情請參見維基百科的「絞刑」。）

律師提醒：切勿將止血帶繞在脖子上。

踩到香蕉皮滑倒會怎樣？

看見地板上有香蕉皮，你應該多擔心？照卡通的演法，你該非常擔心。不過，卡通恐怕還低估了香蕉皮的危險、高估了你頭顱的強度。卡通在描繪香蕉皮多麼滑溜時可不是無稽之談。嚴謹的科學研究已確認：香蕉皮是最危險的果皮。

研究人員要測量某物質的滑溜程度時，會把這物質放到斜坡，再慢慢把斜坡角度提高。等這個物體開始滑動時，斜坡角度的正切值就是摩擦係數（coefficient of friction，簡稱CoF），通常範圍從〇（最滑）到一（最黏），但在有些較黏的情況下，摩擦係數會高達四。[6]在水泥人行道上的橡膠摩擦係數為一．〇四，幾乎不會滑動。

6 摩擦係數大於一，表示物體要到四十五度以上的角度才會開始滑動。摩擦係數最高的，是頂級直線加速賽車的橡膠輪胎，輪胎轉動時在賽道上的摩擦係數為四（可爬上七十五度角的斜坡）。

再來看看光譜另一端的情況。木質地板上的襪子摩擦係數僅〇．二三。冰更滑，穿越滑冰場可能發生尷尬情況，因為橡膠在冰上的摩擦係數只有〇．一五，可能害你摔得四腳朝天，渾身發疼。[7]

不過，香蕉皮讓上述物體相形失色。

我們會知道這一點，得感謝日本東京港區北里大學幾名勇敢的教授，他們想確認卡通的說法是否正確。研究團隊由馬渕清資博士率領，他們剝了一串香蕉皮扔到木地板上，再穿橡膠底的鞋子踩上去（但願有人在旁守著）。之後，他們測量牽涉到的力。

結果發現，艾默小獵人（Elmer Fudd，卡通《樂一通》的角色，經常想獵捕兔巴哥，卻老是弄傷自己）可能沒大家認為的那麼笨手笨腳。木質地板上的香蕉皮摩擦係數只有〇．〇七——滑溜程度是冰的兩倍、木頭的五倍。不過，馬渕清資博士的團隊可不輕易罷休。他們思索：香蕉皮很滑，只是因為含水量嗎？

為了尋找答案，他們又用蘋果皮和橘子皮，進行同樣嚴謹的實驗：親自踩上去。蘋果皮的摩擦係數雖排名第二，卻遠遠落後——〇．一。橘子皮顯然最黏，摩擦係數為〇．二二五（和踩在沒有果皮的木地板上差不多）。

若你走進水果工廠，有一堆果皮等著你去踩，別忘了香蕉皮最可怕，這可不是說笑。香蕉皮在擠壓之下會分泌出一種非常滑溜的膠質。你的腳和身體提供壓力，膠質則提供笑話。

為什麼滑溜度這麼重要？因為走路其實是一連串跌倒與穩住的連續過程。我們每一步都是往前摔，下一步則會穩住。這過程周而復始，不斷循環。但是香蕉皮會破壞你穩住自己的步驟。如果你只是站在滑溜表面上，可能不會有事。但只要邁開一步，就開始跌倒。為了阻止這情況，你的前腳會帶著往前的動能，以十五度的踝關節角度著地。若你自知走在滑溜表面，你會改變步態，減少角度，這樣你需要的地面摩擦力會變小，減少跌倒機會。不過，亂丟的香蕉皮不知為何，特別容易不請自來，而研究顯示，如果踩到摩擦係數小於〇．一的東西，有九〇%機率會摔跤。

跌倒的真正危險在於腦部傷害，因為人腦是離地面很高的重要器官。人類在四百萬到六百萬年前學會直立走路固然是很大的進步，但滑倒的問題也隨之而生。假若你的身高和小狗一樣，你的頭撞到人行道時速度還累積得不夠快，因此不會造成傷

7 潤滑的表面摩擦力比較小。比發說，你的關節滑液就是世上最滑的物質之一，摩擦係數為〇．〇〇〇三。這是好事，不然你的指關節會老是喀啦響。

害。[8]你甚至可在香蕉皮上跳舞，因為從十二吋（約三十公分）和從六呎（約一百八十公分）高度跌倒撞到頭，差別在瘀傷或跌破腦袋。

成年人跌倒時直接撞上堅硬物體，這時產生的力道足以摔破頭顱。大致而言（每人頭顱有些微差異），從僅僅九十公分的高度跌到堅硬的地面，頭骨就會裂開。頭骨在前後兩端比較堅固，左右兩側較脆弱，但即使你跌倒時是以較硬實的額骨撞到地，一百八十公分的高度也足以跌破頭，往前跌時尤其如此。

無論如何，若頭部缺乏保護，從一百八十公分的高度跌倒在地時，頭骨就會骨折，進而引發許多危險，最嚴重的是出血。你的大腦裡充滿血液，骨折會導致內部大出血，讓你立即陷入大麻煩。

顱內出血比其他地方出血更危險，不只是因為你能在受傷的腿部綁上繃帶，但顱內出血無法綁繃帶。真正的原因在於，頭顱是個堅固的容器，裡頭裝著脆弱的東西。若顱內開始充血，便會擠壓到大腦。頭顱內的血越多，壓力也隨之上升，勒住你大腦其他地方，扼殺重要的腦部功能，例如記得呼吸。

當然，你的大腦知道自己多脆弱。如果你滑倒，大腦會竭力動用一切，阻止你繼續跌落——手、手肘、膝蓋——腦部本身卻愛莫能助。正因如此，跌倒時比較常見的結果是你屁股瘀青，而不是摔破頭；踩到香蕉皮也因此經常笑果十足，卻不致命。

但「經常」不代表「總是」。這就要談到鮑比．里奇先生（Bobby Leach），這位膽大包天的仁兄曾從尼加拉瀑布（Niagara Falls）滾落。

一九〇一年之後，大約有十五人為了出名或是刺激感，嘗試從尼加拉瀑布落下（參考〈在桶中從尼加拉瀑布滾下來會怎樣？〉，看看他們的下場）。其中五人溺斃，大多數沒有回來。（第一位倖存者表示：「我寧可站在大砲前被炸死，也不要再去一次。」）

不過，里奇是個專業的特技演員與馬戲團表演者，一身是膽，以死裡逃生為業。他在一九一一年爬進鋼造圓桶，從瀑布滾下。他活了下來，只是需要住院六個月，讓慘兮兮的膝蓋與摔破的下巴康復。

後來他巡迴各地演講，帶著他的圓桶遊歷全世界，到處擺姿勢拍照，過得相當不錯。一九二六年他造訪紐西蘭時，不慎在奧克蘭的人行道踩到不知名的果皮，腳上出現傷口。幾天後，里奇就因併發症過世。

---

8 就這一點來說，蟲子就大勝人類。歷史上沒有任何蟲子摔死過。

被活埋會怎樣？

把兩根手指放在下巴與脖子之間彎曲處的頸靜脈，即可量到脈搏。一分鐘應可量到約七十下。如果低於二十六下，你該搭救護車讀完這章。

如果感覺不到任何東西，可能是手指放錯地方。就算沒放錯，也未必代表你死了。有時脈搏太微弱，根本感覺不到。[9]這問題令中世紀的醫生很頭大，因為那時判斷病人是否還活著的方式，就是脈搏。[10]有時昏迷的病人宣告死亡後，又在停屍間醒

---

9 或許你有睡眠癱瘓症（sleep paralysis）。在睡眠期間，身體是癱瘓的，這沒關係，除非大腦出了錯，在這癱瘓期間甦醒，但是肌肉卻沒跟著復甦。平均而言，每個人一生都會發生一次，通常持續不到一分鐘，但偶爾會持續一小時，讓緊急醫療技術人員搞混。曾有個女子在被送往停屍間的途中才醒來。

10 另一種測試方式：醫生會在你的嘴巴附近放一面鏡子，如果你有呼吸的話，吐氣時的溼氣會「讓鏡子起霧」。因此英語中，表示某件事誰都會做，會用「只要能讓鏡子起霧的人都會做這件事」（Anyone

來。後來有些人擔心遭到活埋，便要求自己下葬時要在墳墓上裝個鈴鐺，並將鈴鐺繫上繩子，放進他們的棺木，以防萬一。[11]

今天的醫生會採用較精密的方式，判斷你是否死亡（看你心臟與大腦發出的電波）。但假設你的醫生今晚得及早前往已訂好位的餐廳，情急之下，做事草率了點。他簽了你的死亡證明，便穿上外套，跳上計程車，趕著去用餐看戲。同時，你被送上有輪病床，推到救護車上車處，送往太平間，而地上已挖好墓穴。接下來會怎樣？

一旦進入氣密的棺木，你會開始消耗裡頭的氧氣。一般棺木有九百公升空氣，你占掉其中八十公升的空間，因此還有八百二十公升的空氣。肺部每次呼吸會用掉半公升，但每次呼吸只消耗掉二〇%的氧氣，這表示你可以反覆呼吸相同的空氣好幾次，才會用光氧氣。

當然，不用等到氧氣耗盡，你就會先陷入麻煩。空氣中有二一%的氧氣，你在這環境下能活得好好的。不過，氧氣一旦用光，你會馬上碰上一些問題。如果你呼吸的空氣含氧量只有一二%，你的腦細胞會開始飢餓，引發頭痛、暈眩、噁心與神智不清。

棺木中的空氣足夠你撐六個小時，之後才會開始窒息——如果你保持冷靜。你或許以為，若能閉氣夠久，就能撐久一點。其實這樣會增加你的耗氧量，因為身體會吸進超過所需的空氣，以抵銷累積的二氧化碳。所以你應該緩慢、節制地呼吸。

一旦氧氣掉到一〇%，你就會毫無預警失去意識，旋即陷入昏迷。[12]含氧量在六到八%時，就會發生猝死。

接下來就比較有趣，也比較複雜。另一項麻煩也搶著奪去你的性命：你呼吸時，會把棺木裡的氧氣換成二氧化碳。[13]這可不妙。

人體吸進的過多二氧化碳會和血液結合，限制血液能送到組織的氧氣量——實際上就是讓你的重要器官窒息。空氣中的正常二氧化碳濃度為〇．〇三五%，但在氣密的棺木中，這比例會快速飆升。一旦二氧化碳濃度攀升至二〇%，你呼吸個兩、三次就會失去意識，在幾分鐘內喪命。

---

who could fog a mirror could do this job）這句諺語。

11 以懸疑小說聞名的美國作家愛倫坡（Edgar Allan Poe，1809–1849）就是其中之一。他特別喜歡寫生人活埋。

12 問：如果你和幾盆盆栽葬在一起，會有幫助嗎？答：很遺憾，沒有。植物製造氧氣的速度不夠快，不足以彌補本身所占據的空間。

13 阿波羅十三號（Apollo 13）上的太空人被迫移到登月艙時，就面臨同樣的問題。

同時，二氧化碳還會毒害你的中樞神經系統，導致意識混亂與譫妄。說不定，你會看到棺木裡有鬼！

缺氧和二氧化碳過多這兩股勢力爭相奪走你的性命，但最後你會先被自己吐出的氣息毒死。只要短短一百五十分鐘，二氧化碳濃度就會上升到致命的濃度，比棺木裡缺氧還要早兩個小時致你於死。

但更嚴重的是，掘墓者匆匆忙忙，根本沒把你放進棺木。乍聽之下，你以為這是好事，可能有機會逃出來。其實，你只會死得更快。

在六呎深（約一百八十公分）的泥土下，等於是被水泥包覆。六呎深的泥土，大約就是在你胸口有五百磅重（約兩百二十六公斤）。換言之，你休想逃出去。無論你看過什麼殭屍電影，但如果真的看見空墳墓，可以確定那是從外面挖的。

不過，先來點好消息吧：你不會立刻窒息。你的肌肉多半太弱，推不開五百磅重的土。但你的橫膈膜很強——這很重要。需要橫膈膜抬起泥土，讓肺部擴張。所以，你在**物理層面**上是可以呼吸，只可惜沒什麼能讓你呼吸。

雪崩時就像埋在土裡。在雪剛滑落時仍存活，卻埋在雪堆下的人，其生存模式是可以預測的：每一小時，生存機率就會減半。如果你活埋一小時，生存機率是五

○%，兩小時則減低為二五%，以此類推。但是被土掩埋時，生存時間就短多了，這是因為新鮮的雪有九○%是空氣，但泥土就是泥土。然而，無論冰雪或泥土，用手臂圍出氣穴（air pocket；例如在雪崩時，手臂交叉擋在面前，圍出多一點空間保留空氣）是生存關鍵。

當然，如果你擔心被活埋，別害怕。你早在進墳墓之前就死了。即使你的醫師很懶，你進了殯儀館也是死路一條。你下葬前，殯葬人員會為你進行世上最糟的輸血。為了保存你的組織，他們會把你的血換成甲醛，很遺憾地（或該說幸好），這會致命。

被蜂群圍攻會怎樣？

麥克．史密斯（Michael Smith）在照顧蜂巢時，有隻愛冒險的蜜蜂鑽進他短褲，螫咬他睪丸。

出乎他意料的是，蜂螫沒想像中那麼痛。這讓他想到一個問題：若睪丸慘遭蜜蜂螫咬還不是最痛，哪個部位才最痛？

他訝異發現，過去從來沒有人挺身而出，自願被叮幾百次，找出答案來。史密斯遂找到新使命，及每天的例行公事。

他每天早上九點到十點之間，會小心以小鑷子抓起五隻蜜蜂，將牠們依序按在皮膚上，迫使蜜蜂叮咬。第一個與最後一個螫咬處一定是前臂，當作比較標準。他把疼痛等級分為一到十分，前臂為五分。中間三次螫咬處則看他那天早上心血來潮，選定哪三個不幸的部位。他在三個月期間，測試二十五個不同部位。你一定在想，這個被蜂螫過睪丸的人，是不是也讓蜜蜂螫了另一邊睪丸。答案是肯定的。

結果顯示，蜂螫最不痛的地方是頭顱、腳中趾與上臂。這些部位在史密斯的疼痛度量表上，僅僅有二．三分，緊追其後的臀部，分數為稍高一點的三．七分。

最痛的部分則是臉部、陰莖與鼻孔內側。

有人說肉體的愉悅與疼痛之間差別很小，史密斯認為這些人恐怕沒體會過蜜蜂螫咬私處的感覺。史密斯告訴《國家地理雜誌》（*National Geographic*）：「下面的愉悅和疼痛絕對八竿子打不著。」但如果一定要選的話，他寧可在照顧蜜蜂時沒穿長襯褲，也不能沒戴面罩。不過，他說兩者都無法讓他有任何快感。

「蜜蜂螫咬鼻孔會害人痛得要命，像被電擊、陣陣發痛，還會馬上讓你打噴嚏、流眼淚，流一大堆鼻涕。」

最後的結論呢？根據史密斯的說法（只有他嘗試過；但如果你有興趣的話，他很樂見樣本數量增加），陰莖是七．三、上唇八．七。哪個地方被叮到最痛？鼻內——九．○。

但有件事較鮮為人知：蜂螫處會吸引其他蜜蜂過來。蜜蜂螫咬你時會同時釋放費洛蒙混合物，讓蜂巢的同伴知道牠需要防衛。順帶一提，這種費洛蒙的主要成分是乙酸異戊酯（isoamyl acetate）。這種成分頗為常見，帶有香蕉味，因此有些糖果會添加。小麥啤酒也含此成分。換言之，在前往蜂巢附近搜查之前，可別吃香蕉口味的糖果，也別喝巴伐利亞小麥啤酒。

要是不理會忠告，可能驚動蜂巢，憤怒的蜜蜂會飛過來救援。蜂針有倒鉤，因此蜜蜂飛走或試著飛走時，蜂針仍會留下，且勾出蜂的內臟。蜜蜂可說是大自然中的神風特攻隊。[14]

即使蜂針已與蜜蜂分離，它的倒鉤仍會來回在你的鼻孔裡越戳越深，同時把蜂針底部囊袋的毒素釋放到你的皮肉中。

蜂針的毒素和所有昆蟲毒素發揮功用的過程一樣，會侵入你的細胞，改變細胞化學反應，產生牠想要的效果。

以你的情況來說，蜜蜂用「蜂毒肽」（melitrin）這種毒素穿透你的細胞膜。蜂毒

14 蜜蜂螫咬後也會喪命，因此只用來對付較大型的掠食者。蜜蜂在對付較小的掠食者，例如虎頭蜂（牠們特愛吃甜甜的蜂蜜），則會採用獨特的殺人法。成群結隊的蜜蜂用密實的球體包住入侵者，使用自己的體溫與排放的二氧化碳熱死小偷，讓小偷窒息。

肽的背包中攜帶著一種細胞炸彈，稱為磷脂酶A2（phospholipase A2）。若毒素把目標鎖定在血球細胞，則會摧毀血球細胞，但如果目標鎖定在神經細胞，則無法摧毀細胞，但你的大腦將解讀為強烈疼痛。

但還有其他化學物質，會對你身體其他部分發揮作用。其中一種是限制血流，讓你的身體無法稀釋毒素，因此疼痛持續不退。另一種則是和你的組織產生化學作用，讓毒素擴散，鎖定新細胞。

你認為已達到九分的蜂螫疼痛，和其他昆蟲的螫咬相比，或許只是小巫見大巫。談到這裡，就要提到另一名權威——「疼痛」詩人賈斯丁．史密特（Justin O. Schmidt，一九四七年出生的昆蟲學家）。

史密特的蟲螫疼痛指數介於一到四分，蜂螫只有兩分。史密特可不是胡言亂語。他接受超過一百五十種昆蟲叮咬，因此成為疼痛行家，還建立全球第一份蟲咬疼痛指標。

在疼痛表上分數較低者（也就是一分）有汗蜂（sweat bee）。史密特說，汗蜂螫人的疼痛是「輕輕的，一下就消失，甚至有點爽。就像小小的火花燒焦一根手臂上的毛髮。」

蜜蜂、胡蜂與白臉大黃蜂都是兩分。如果你還沒有被叮得很愉悅的經驗，不妨試試白臉大黃蜂。被螫咬後會覺得「豐富、滿足、有點脆。像用手拍擊旋轉門。」胡蜂的螫咬則是「燙得快冒煙，近乎失禮。想像一下菲爾茲（W. C. Fields，1880–1946，美國喜劇泰斗）在你的舌上捻熄雪茄。」

比胡蜂螫咬還痛的是紅收穫蟻（red harvester ant）。這種螞蟻在美國西南部出沒，和紅火蟻不同。紅收穫蟻的螫傷疼痛為三分，感覺起來「大膽無情，像有人用鑽子去挖你往肉裡長的腳趾甲。」

沙漠蛛蜂（tarantula hawk）在昆蟲界中，螫起人的疼痛感可是數一數二。這種昆蟲在美國與世界各地都找得到，但很少螫人。[15]然而如果你就是這麼不幸，那麼螫傷的感覺是「痛得頭昏眼花，像強烈的電擊，彷彿開著的吹風機放到你的泡泡浴裡。」

---

15 但沙漠蛛蜂在捕鳥蛛（tarantula）身上產卵之後，會螫咬與麻痺這種蜘蛛。等卵孵化之後，幼蟲就會鑽進蜘蛛內，開始吃掉蜘蛛，不過幼蟲會很小心避開蜘蛛的重要器官，盡量讓牠活久一點。等到小胡蜂準備好，就會從蜘蛛腹部爆出來，像《異形》電影裡凱恩（Kane）的肚子裡有怪物爆出來一樣。是不是有點同情捕鳥蛛？

世界上咬人最痛的冠軍，屬於大名鼎鼎的子彈蟻（bullet ant），其生長地為中南美洲的熱帶地區。若遭子彈蟻螫傷，不僅比沙漠蛛蜂還痛，且痛得更久。

史密特表示，子彈蟻會產生「純粹、強烈、精彩的疼痛。像腳跟插著一根長達三吋的生鏽鐵釘，一邊走在滾燙的炭火上。」

子彈蟻的螫傷或許最痛，但不會大量發動攻勢，因此不是最危險。這和蜜蜂不同。人類每磅體重能承受八到十個蜂螫，超過就會致命。

既然每隻蜜蜂只能螫你一次，若你體重為一百八十磅（約八十二公斤），需要一千五百隻蜜蜂螫咬所累積的神經毒素，才足以使你心跳停止（當然前提是你沒有過敏，否則一隻蜜蜂就夠了）。

不過，一千五百隻只是參考數量，總有例外情況發生。有人被叮更多，仍活了下來。醫生曾發現一起特例：某個男子身上有超過兩千兩百個蜂螫。他被大批兇惡的蜜蜂包圍，只得遁入水中。不幸的是，蜂群仍在他頭上盤旋，數量之龐大，害他在抬頭換氣時還吞下幾隻蜜蜂。他能活下來，或許是因為蜜蜂是在好幾分鐘的時間內分散地螫咬。等到蜜蜂認為懲罰夠了，這人臉上的螫傷已多到發黑。

史密斯指數上，倒是沒提到這個情況的排名。

被隕石擊中會怎樣？

下次看星星的時候，多留意天空中最亮的物體。除了月亮之外，你看到最亮的星星其實不是恆星，而是金星這個行星。若你看到更亮的東西，可得當心了，因為你可能有麻煩。如果這東西比月亮還亮，後來又比太陽還亮，那你絕對麻煩大了——代表有隕石[16]朝你飛過來。屆時你已來不及閃躲或找掩護，乾脆坐下來好好欣賞這場表演吧。

假設那個朝你頭上快速飛來的岩石有一哩寬（一．六公里），這表示會造成大災難，但還不至於毀滅地球。

16 流星（meteor）的相關詞彙很容易讓人搞不清楚。解釋如下：流星是劃過天空的一道光芒。隕石（meteorite）則是造成這道光芒的堅硬物體。而隕石撞上大氣層之前，則是流星體（meteoroid）。

從你的角度來看，隕石像越來越亮的星。首先，它會比天空最亮的恆星（天狼星）還亮，之後比金星還亮，再來又比月亮還亮——然後你會出乎意料地喪命。「出乎意料」是因為，你可能比預期早個幾秒死掉。你可能預期自己會被砸，但你被這塊太空岩石砸到之前的幾十分之一秒已一命嗚呼。

隕石是以兩萬五千哩到十六哩（四萬公里到二十六萬公里）的時速朝地球衝過來，在撞上大氣層時開始擠壓空氣。空氣在擠壓時會變熱。你在幫腳踏車輪胎打氣時，可能沒發現車胎內略微變熱。[17]隕石也一樣，只不過壓縮更多空氣，且速度更快。

隕石下方空氣壓縮，於是這隕石就變成你個人的專屬太陽。你周圍的空氣會在幾秒鐘內從涼爽的攝氏二十一度，變成灼炙的一千六百四十九度。在這種情況下，你可能會焦掉、汽化，但或許根本沒時間起火。

如果你繼續留在一千六百四十九度的烤箱，就會成為膨脹的氣體，但不幸中的大幸是，你只需忍受那種熱度幾十分之一秒，之後隕石就會撞到你的頭。因此，你還能留下一點遺骸，雖然只是一堆焦炭。

不過，這不是壞消息。你將有幸成為第一個被隕石砸死的人。但你不會是第一個被砸到的人。就目前所知，那項殊榮屬於美國阿拉巴馬州的安・赫吉斯（Ann

Hodges）。一九五四年的某一天，她坐在沙發上看電視，忽然一顆香瓜大小的隕石撞破她家屋頂，砸毀她的收音機，並撞到她的臀部，留下大片瘀青。

第二個經證實被隕石砸到的受害者，是蜜雪兒・納普（Michelle Knapp）的車——一九八〇年出廠的櫻桃紅雪佛蘭邁銳寶（Chevy Malibu）。一九九二年，蜜雪兒車庫傳來轟然巨響，她趕緊衝出門一探究竟，發現花了三百美元新買的邁銳寶，被一塊二十六磅重（約十二公斤）、有四十五億年歷史的太空岩石砸毀。[18]

對蜜雪兒、安與人類而言，幸好這些隕石相對較小。拳頭大小的隕石就能完整落入地球，更小的隕石在大氣層當中已燃燒殆盡。拳頭大小的岩石動能不夠大，大氣層能讓它的速度降到約每小時一百哩（一百六十公里）。如果拳頭大小的隕石掉落在你附近，肯定是好消息，每盎司價格可高達一百美元。[19]

---

17 腳踏車充氣筒可改造為「火銃」，能壓縮空氣，熱度足以生營火。

18 雖然蜜雪兒那天出師不利，但很快否極泰來。她以一萬美元的價格賣出毀壞的邁銳寶，隕石更以六萬九千美元售出。

19 如果你幸運的話，那可能是來自月亮或火星的隕石，每克拉就值好幾百美元。小行星帶的隕石較常見，價值就差得多了。

一九〇八年撞擊俄羅斯，引發通古斯大爆炸（Tunguska strike）的流星體，是近代撞擊地球最大的流星體。根據估計，那塊岩石約有百碼寬（九十一公尺），威力是廣島原子彈的三百倍，發出有史以來最大的巨響，即使在四十哩（約六十四公里）外也震耳欲聾。所幸事發地點是在西伯利亞北部，無人死亡，只震倒了八千萬棵樹木。爆炸震波也將四十哩外的一名農夫拋到半空中。

即使你沒站在下方，一哩寬的岩石所造成的危害也很可怕。若它以小角度進入大氣層，通過我們上方時散發的熱，足以燒毀下方的一切，並在灼傷的地球表面留下清晰的路徑痕跡。

接下來還有震波的問題。一哩寬的岩石可能在穿過大氣層時燃燒裂開，但撞到地球時的能量仍與未分裂前的總和一樣——相當五十萬個百萬噸級炸彈（目前引爆過的最大氫彈為五千萬噸）。

要是它落在海裡呢？在這個超音速的熾熱岩石撞到海底之前，水無法有效減緩它的速度。之後它會掀起巨浪。一哩寬的隕石掀起的第一波海浪高度超過一千呎（約三百零五公尺），並以一馬赫的速度前進。[20]這還算小的波浪。等到幾分鐘之後，掀起的波浪碰到地殼，會反射出最大的巨浪。[21]

一哩寬的隕石固然會引發大災難，但或許還不足以導致地球上所有生命滅亡。隕石掀起的塵土與煙霧將引發全球降溫，造成大規模的作物歉收與飢荒，但應該無法釀成人類滅絕。

由於流星體實在危險，因此人類花費許多資源，設法及早觀察到流星體。不過流星體若朝我們飛來，我們還是束手無策。幸運的話，我們每年可以觀測到一、兩個潛在的地球殺手。但如果不幸，流星體以出乎意料的角度前來，我們恐怕無法事先獲得警告。如果你發現頭頂上某個閃閃發光的星星突然越來越亮時，要記住這一點。

---

20 可惜太快了，無法衝浪。

21 很難想像這樣的海嘯多嚴重。兩千三百年前，僅五百呎（約一百五十二公尺）寬的隕石落在大西洋，淹沒了如今的紐約市。

沒了頭會怎樣？

如果你的大腦從頭殼裡被拔出來，你就會死。醫生判斷你是否死亡的方式，就是測量大腦的電子訊號。你得有大腦，才會有訊號可測。如果沒有大腦，你就完了。這沒什麼好驚訝。

值得驚訝的是，你的大腦就算少了一大半，仍可繼續發揮功能。你或許認為你的大腦非常重要，但別忘了，負責思考的正是你的大腦，資料來源不算公正。

如果你是一隻雞，那麼你的大腦不僅不重要，甚至整個頭都沒了也無妨。我們怎麼知道呢？無頭雞麥克（Mike the Headless Chicken）就是前例。這隻雞於一九四五年出生在美國科羅拉多州的弗魯塔（Fruita）。

一九四五年九月十日，公雞麥克即將成為晚餐桌上的一道菜。主人羅伊德·奧森（Lloyd Olsen）把牠帶到後院，用斧頭砍下牠的頭。但出乎農夫奧森意料，麥克竟能不顧傷勢，繼續和之前一樣活著，在地上啄找食物（或設法尋找食物）。麥克後來靠著滴管餵食，並在全國各地巡迴兩年，最後終於噎死。為什麼斧頭砍不死麥克？

猶他大學（University of Utah）的醫生判斷，斧頭刀刃確實把牠的頭砍下來了，但是麥克的腦幹卻完好如初。腦幹會控制心跳、呼吸、睡眠與進食等基本功能；仔細想來，雞要做的事情不就是這些而已嗎？麥克的動脈尚未失血過多即已凝固，遂能活動自如。[22]

人類的腦幹與雞一樣，在活著的時時刻刻都扮演關鍵角色。少了腦幹，你就無法呼吸或控制心跳。若是腦部其他區域受傷，結果如何或許很難說。大腦適應力強，能把工作移交給其他沒受傷的區域。大腦分為左右兩半，若僅有一邊受傷，即可承受嚴重的傷勢，費尼斯．蓋吉（Phineas Gage，1823–1860）就是一例。

十九世紀初建造鐵路時的安全標準很鬆懈，在爆破工班尤其明顯。蓋吉的工作是把火藥裝進岩石上挖好的洞，之後以1¼吋粗（約三公分）、3½呎長（約一公尺）的金屬棍把火藥粉壓實。但是在碰到火藥之前，他必須先在洞裡加點沙子，以免不慎引爆火藥。

一八四八年九月三日，蓋吉就忘了加入沙子。

火藥被他以金屬棍一碰便馬上引爆，金屬棍飛出，戳穿蓋吉的下顎，從左眼後方通過他的左腦，刺穿他頭顱，掉落在幾百碼之外。

蓋吉不僅沒被這根金屬棍戳到喪命，甚至沒有失去意識。過了一個月，他幾乎完全康復。但朋友說，蓋吉的性格丕變。大家都認為，他的頭被棍子戳破之後，變得較為易怒。這次意外後，蓋吉離開鐵路公司，帶著棍子到處公開演說，又活了十二年。

蓋吉可說是命大。雖然鐵棍戳穿他腦袋，但造成的傷害僅限於左腦，而部分重要功能也可由右腦支援。如果你要被棍子射穿頭部，最好從前面射到後面，或由上往下，而不是從兩耳之間穿過，導致左右腦都受傷。

蓋吉能活下來的另一個理由，在於大腦有許多部位是幾乎什麼事都只負責一點，或重複做別的區塊也在進行的任務。若傷害進展的速度相當緩慢，就算受傷的腦區比蓋吉更大也挺得住，正如英國神經學家約翰．洛伯（John Lorber，1915–1996）的學生。

一九七〇年代晚期，洛伯在英國雪菲爾大學擔任教授（University of Sheffield），

22 如果是你的頭被砍掉，從老鼠的實驗看，你會大約維持四秒的意識，之後血壓會大幅下降，就和你太快從泡熱水浴的浴缸中爬起來一樣，會昏過去。

發現有一名優等生的頭特別大。他建議這學生進行電腦斷層掃描。結果發現，這學生的大腦不僅有問題，甚至可說是沒有腦——九五%都是腦脊髓液，只有薄薄一層灰質貼著頭顱。

這種情況並非十分少見，是一種稱為水腦症的疾病，大致而言就像大腦的水管漏水，漏出的液體會慢慢把你的大腦往頭骨推。如果這是在年紀還小、骨骼還有可塑性的時候發生，這壓力也會把你的顱骨往外推，因此頭會特別大。

但這名學生的特別之處，在於智商為一百二十六（平均分數為一百）。這固然透露出智商測驗的些許訊息，但也表示，大腦的大小並非那麼重要。[23]我們頭顱內的大腦為三磅重（約一．四公斤），他只有四分之一磅（約〇．一公斤），還不是很優秀？

科學家一度認為，腦袋越大的動物越聰明（人類的腦是最大的）。但後來有人研究大象的頭顱，發現大象腦袋足足有十二磅（約五．四公斤），顯然這理論需要修正。那麼腦的大小相對於身體的比例，才是智力的關鍵嗎？聽起來沒錯，但有人計算後發現，人類和田鼠的比例差不多。

最後發現，無論你的腦是大是小，智力關鍵在於神經元數量。如果要從腦的大小來判斷動物的智商，就像用電腦的大小來判斷處理速度（別忘了，你口袋裡的手機比一九六〇年代和房間一樣大的電腦還快很多、很多幾倍）。[24]

總之，如果腦袋只有豆子大小的外星人入侵地球，千萬別低估他們。

23 該學生智力這麼高的另一種解釋是，腦內部（也就是這學生幾乎缺乏的部分）的白質，並不如較外圍的灰質重要。如果要扔了腦袋的一部分，就從中間挖吧！

24 順帶一提，在談到人腦與電腦的競爭時，有些事情你還是可以比最快的超級電腦做得快。不過，電腦已逐漸追上。

戴上全世界最大聲的耳機會怎樣？

如果你戴上全世界最大聲的耳機，把音量開到最大聲的十一會怎樣？死亡金屬（death metal，重金屬的一種樂派，樂團名稱到歌詞都有很強烈的死亡、反宗教意味）的音樂會讓你頭顱嘎啦嘎啦響、腦袋液化嗎？

答案是，幸好不會。若你戴的耳機發出一百九十分貝的音量，你的耳膜會馬上破裂，你也會永遠失聰，但大腦能承受的能量比音樂能釋放出的還大。

不過，你其他器官未必承受得了。耳機讓聲音集中在你的頭部，這裡除了耳膜之外都能抵抗聲波能（acoustic energy）。但如果你拔掉耳塞，用喇叭聽音樂，那麼全身都會暴露於聲波能的影響。問題是，你的耳膜並非唯一不太能抵抗聲波的部位。

在繼續討論之前，得先了解聆聽音樂時的過程。聲音是在空氣中移動的壓力。你會把那些壓力波詮釋為音樂，是因為耳內有許多迂迴的骨頭，在耳膜、隔膜、

「毛」、骨骼與電神經之間建立極其複雜的系統。

若聲音的壓力波提高，就等於聲音更迂迴、更大。聲音既然是在空氣中移動的壓力波，就具有傷害力。[25]最危險的聲音，是源自炸彈爆破等重大事件的震波。這時壓力會透過一次以上的脈衝，從一處空氣傳遞到許多地方。這時的壓力波固然也是聲音，但只有單一一次的劇烈起伏，因此不能稱為音樂。音樂是壓力持續震盪，最大聲的震幅介於零到二大氣壓；音樂能發出的最大分貝數為一百九十四，更大聲的就屬於震波。因此，「音樂能不能殺死你」這問題，說法可改為「不到一百九十五分貝的聲音能不能殺死你」。那麼，分貝又是什麼？

分貝是用來測量音量的單位，而且是對數，這表示每增加十分貝，相當於增加十倍能量。

一百二十分貝時，相當於站在電鋸旁邊，聽了很痛苦。

一百五十分貝時，你會覺得像站在噴射機旁。聲音在你內耳強烈迴盪，震破耳膜（這樣就會解決太吵的問題）。但如果分貝持續增加，可能造成更大的危害。

如果你從喇叭放出一百九十分貝的聲音，可能會陷入麻煩。[26]所幸這不太可能實行。目前最大聲的喇叭是荷蘭打造的，用以測試衛星是否能承受飛彈發射的噪音。這喇叭可產生一百五十四分貝的聲音，足以震破耳膜，但應該不會致命，除非你把頭伸進去好一陣子（科學家並不確定，因為目前尚無人嘗試）。

當然，這用來測試衛星的喇叭只是我們目前所知最大聲的。

美軍從一九四〇年代開始，便開始實驗聲波武器，但是據我們所知，成果並不理想。就概念上來說，耳朵是很吸引人的目標。你不能關起耳朵、轉身不聽，或拒絕注意。然而實際執行時，聲音卻很難控制。聲音碰到物體會彈開、透過建築物放大，也無法有效控制人群。靠近喇叭附近的人會立刻耳聾，但後面的人可能一點感覺也沒有。最令美軍覺得白忙一場的，莫過於五塊美元的耳塞，就能抵禦聲波武器。

但假設你參加死亡金屬演唱會，他們把音響音量調到一百九十分貝，而你又在前排座位。這聲音足以震破你耳膜，造成永久失聰，因此你就聽不到聲音，只能感受到聲音。

---

25 壓力波會以熱的方式飄散在空氣中，而雖然喊叫不會產生太多熱來危害人體，但如果你用保溫效果極佳的保溫瓶裝冷咖啡，對它持續吶喊，一年半之後你就有熱咖啡可喝。

26 要讓揚聲器這麼大聲，有個辦法是將音筒與一個真空腔及另一個加壓到兩大氣壓的音腔交替連接起來。

聲波通過空氣時會壓縮空氣，但你的身體多半是液體，因此幾乎不受這種壓縮的傷害。會說「幾乎」，是因為人體不完全是液體。有些地方是空的，例如肺部和消化道，而你該擔心這些空的地方。

很幸運，腸道夠堅固，需要兩大氣壓以上的壓力才會破裂。唯有爆炸時的震波才可能使腸子破裂。但不幸的是，肺部脆弱得多。

肺組織相對脆弱，極端的聲波震動可能導致肺部急速過度擴張，破壞肺臟上一連串的小肺泡囊。肺泡是肺臟與血液之間的重要中介，讓空氣在此交換。少了肺泡，血液就無法得到氧，你的肺也無法發揮功用。

因此，如果你站在喇叭前聽死亡金屬，且音量調到了十一（也就是一百九十分貝），壓力波致使肺部過度擴張，或許會弄破你的肺泡囊。你會像離水的魚一樣拚命呼吸，最後仍窒息而死。

真正的金屬樂迷不妨到金星旅行一趟。在我們的大氣環境中，一百九十四分貝是音樂的上限，但金星表面的大氣密度高得多，搖滾樂的威力因而增加一萬倍。光是聽吉他獨奏就像炸彈在身邊爆炸。

在下一趟登月任務偷渡會怎樣？

美國航太總署（NASA）近期大概沒有再訪月球的打算，目前的計畫是要在小行星登陸，為日後載人太空船前往火星的任務做準備。如果你想登陸月球，恐怕得搭中國人的便車。但就算你會說中文，這份工作仍競爭激烈。我們就大膽假設，你沒雀屏中選。萬一你心意已決呢？假設你不顧對方拒絕，執意偷溜進太空船。此外，太空衣太昂貴（一千兩百萬美元），你只好穿短褲和T恤。我們認為，你會碰到以下情況。

你會聽到中文從「五」開始倒數，但你不會和真正的太空人一樣從無線電聽到，而是從外頭的喇叭傳入你耳中。這時，主引擎會點火。太空船起飛八分鐘後，加速到時速兩萬五千哩（四萬公里），你可能得承受4g的加速度，和速度最快的雲霄飛車差不多，只不過時間長得多。你還是能在這狀況存活，但是少了太空人穿的太空衣與有軟墊的座位，就別奢望舒舒服服，甚至可能暈過去。如果太空梭有裂口，太空裝很有幫助。但既然你沒得穿，只能盼望這趟旅程能順利出航。

你最好期望航太機構為這趟旅程多加點油，因為你多出來的兩百磅體重（約九十公斤），可能造成太空船軌道不正確，因此工程師得設法發射機動火箭，調整航向。

但假設一切順利，而他們發現你時已經太遲，只好帶你一起去。在接下來三天前往月球的零重力旅途中，你會感覺如何？答案是非常、非常不舒服。

很不幸，零重力生活的一開始，就逃不掉噁心反胃。在太空船上暈機是一般暈機程度的好幾倍，原因都是眼睛與內耳「不協調」所造成的不適。你的大腦會把這種不協調詮釋為食物中毒，並透過嘔吐來解決。

你會覺得多難受，取決於大腦與內耳連結的品質。沒有人的連結完美無瑕——如果你在水中旋轉，你的內耳無法判斷哪邊是上面。你越求準確，不協調的程度就越嚴重，你也越想吐。

目前太空船暈機的冠軍，是前猶他州參議員傑克．甘恩（Jake Garn），他曾在擔任參議院撥款委員的期間，趁職務之便，於一九八五年搭太空船出航。甘恩參議員嘔吐的程度無人能及，因此航太總署把太空船的暈機量表以他命名，來紀念他的豐功偉業。「甘恩量表」（Garn Scale）從零分開始計算，最高分為一分。

甘恩量表零分代表你覺得挺好的，而一般暈車在甘恩量表上只有〇・一分。如果滿分，代表你已暈得亂七八糟，失去行為能力。

搭車時空氣可流通，因此嘔吐不至於致命，但在太空中則相當危險。如果你戴著頭盔在太空漫步時嘔吐，可能會被自己的嘔吐物淹死。[27]為解決這問題，航太總署會在有特殊裝置的飛機上訓練太空人。這飛機有個別稱——「嘔吐彗星」（Vomit Comet），讓乘客沿著巨大的拋物線飛行。每次飛機開始沿著拋物線爬升後，又會像自由落體一樣落下，機上的每一個人會在九十秒內，一起在無重力的狀態下掉落。

但以你的情況來說，你從未到嘔吐彗星受訓，內耳就面臨巨大壓力。你很快就會達到甘恩量表的滿分——吐到幾乎喪失行為能力。

好消息是，一旦登陸月球，月球的重力就能治療你太空船暈機的症狀。壞消息是，你仍然沒有太空衣。

---

27 你的太空頭盔中，任何液體都可能引發危險。二〇一三年，義大利太空人盧卡・帕米塔諾（Luca Parmitano）在國際太空站周圍漫步時，差點被滲入頭盔的水淹死，那些水變成了危險的水滴，在頭盔裡到處漂。

月球和太空一樣，是沒有空氣的真空狀態。正因如此，你的太空人夥伴會穿上昂貴笨重的太空衣，才踏上月球。你穿T恤與短褲固然比較舒適，但步出太空船踏上月球，就會一命嗚呼，只不過不是馬上喪命。

我們怎麼知道的？

因為在一九六六年，航太總署的一名技術人員證明過。他在真空室測試太空裝時，管線出現問題，導致太空裝失壓。他在缺少防護的情況下，於真空室待了八十七秒，之後真空室才恢復壓力。在那段期間（除了剛開始的十秒），他處於失去意識的狀態。但幸好除了壓力巨變造成的耳痛之外，沒有受到其他方面的傷害。這告訴了我們什麼？在真空狀態下，人體若沒有保護仍可生存一分鐘（甚至兩分鐘），但意識只能維持十秒。

在這意識尚存的短暫期間，你將體驗到什麼？

這得看你位於月亮的哪一邊。是在有陽光的那一面，還是黑暗的那一面？結果大不相同。地球自轉一圈為二十四小時，但月球需要整整一個月，這表示其中一面會在陽光下曝曬十五天，溫度上升到攝氏一百二十三度，而黑暗的那一面溫度則會降到攝氏零下一百五十三度。你離開太空船艙門、踏上月球時，這溫差影響深遠。你會有什麼感覺？

如果是在沒有陽光的那一面，外頭是零下一百五十三度，你會覺得有點涼，但不至於寒冷刺骨，因為在真空環境中的零下一百五十三度，和在地球上走進零下一百五十三度的冷凍庫感覺不同。少了大氣，熱的傳導速度就會變慢。如果你踏上月亮的暗面，感覺宛如裸體進入冷房。接著，在真空狀態下，水的沸點會比你的體溫還低，造成汗水立刻沸騰蒸發，於是你開始打顫。但這還不是最糟的——只是有點冷。

如果你踏上有陽光照射、溫度為一百二十三度的那一面，真空同樣能避免你燒焦。但因為月亮表面有輻射熱，你會覺得比夏天在死亡谷（Death Valley，位於加州與內華達州，是美國最乾、最熱的國家公園）還熱一點。

除了比較熱一點之外，在明面與暗面還有些差別。月球表面也是一百二十三度，既然你沒穿靴子，就得小心腳步。月球表面多半是細緻粉末，不太密實。這裡光線很明亮，與其說月亮燙傷你的腳，不如說你的腳會讓月球變涼。[28]但如果踏上月球表面的岩石（到處都是，密度比你的腳還高），你的腳會馬上燙得滋滋響。

28 同理，你也可用正確的技巧，踩在滾燙的煤炭上。

除了避開月岩之外，還要考量陽光的因素——確切來說，是紫外線輻射。太陽隨時對我們發射X光、紫外光與高能量輻射粒子。但是地球表面的人很幸運，大氣層、臭氧層與磁場處理掉其中的大部分，而防曬乳或衣物也可以擋掉其餘的部分。[29]在層層保護下，生命得以欣欣向榮。但是在大氣層上方，情況截然不同。月球沒有大氣層保護，就算你仔細塗上防曬係數（SPF）五十的防曬乳才踏出太空船，但只要幾秒鐘，這裡的輻射量就足夠你曬出漂亮的膚色。十五秒之內，你接受到的輻射劑量就足以讓你起水泡，造成三度灼傷。

另一大問題就是呼吸。如果你在離開登月小艇前深吸一口氣並屏住，肺部飽滿的空氣會在真空中立刻膨脹，撕破脆弱的肺泡囊。最好的做法是預防：別在離開登月小艇前讓肺部吸飽空氣，也不要閉氣，而是應該把嘴巴張開，讓肺部的氣體跑出來。

你血液中有足夠的氧氣，讓你維持十到十五秒的意識，之後才會昏厥。在一九六〇年代，科學家曾把狗送進真空狀態做實驗，發現兩分鐘後你就會腦死。[30]

等你心跳停止，情況可就不妙了。

剛才說過，在真空狀態下，水的沸點比體溫還低，所以你的汗水會沸騰（眼淚和唾液也是，因此會有刺刺的感覺），這是真的。但這是針對你體外的水分而言。而你體內的水分，也就是血液，過幾十秒才會沸騰。

你會失去意識，很快死亡，接下來就是關於外表的問題。你的血液沸騰、變成氣體時，皮膚就會撐開，繃得緊緊的，把你變成一個人皮氣球。

等所有氣體從體內逸散之後，你就會洩氣，不過這過程會將你的皮膚拉扯變形，造成新的皺紋。

月球上沒有任何蟲子或細菌，除了原本就住在你體內的那些。不過，牠們在真空下無法生存，再加上劇烈的溫差，因此你不會腐爛分解。

假設你的太空人同伴不想把你搬回來，你就會在月球上好好地保存成千上萬年，成為乾燥、渾身皺巴巴的月球人。

29 地球大氣層提供的防曬係數約為兩百。

30 好吧，聽起來是壞消息。不過，確實有獲救的機會！這個以狗為對象的真空實驗顯示，狗在真空狀態度過九十秒幾乎都可存活，只不過這段期間，狗沒有意識，呈現癱瘓，而腸子跑出來的氣體會導致大小便失禁與嘔吐。牠們的舌頭上覆著冰，而且身體會發脹，聽起來很可怕。但重新給予壓力之後，狗就不再腫脹，幾分鐘後牠們又好端端，恢復生龍活虎。不過，在真空狀態兩分鐘應該是極限了。

被綁在科學怪人機會怎樣？

仔細閱讀《科學怪人》的原文，會發現裡頭並未明確記載弗蘭肯斯坦博士到底在機器上用了多少電壓或電流，但總之一定很可觀。無論如何，假設你決定頂替怪物，讓自己被綁在工作檯上。由於你是活人，怪物在博士用電力復活之前則是死的，因此用在你身上的電流，肯定和用在怪物身上的大不相同（在現實生活中，這樣的電流導致你死亡的機率，遠高於讓怪物活過來的機率）。

弗蘭肯斯坦博士先要做的，是在你的頭與腳踝綁上電極。之後他會打開開關，接下來會很快發生一連串情況。但在詳細討論這些情況之前，我們先暫停片刻，談談你體內的電力。

你在讀這幾行字時，心臟正受到劇烈的電擊，至少你該期望如此，否則就會經歷醫生所稱的死亡。在正常情況下，你的心臟一天會有八萬五千次的電擊振動，昨天如此，明天只要還活著也是如此。

電流觸及你心臟的時機與量很重要，而且很容易出問題。只要十分之一伏特，就能促成心臟收縮，如果電流的時機不對，會使你心臟跳動混亂，甚至丟掉性命。真是壞消息。

好消息是，你的皮膚是很不錯的抗電裝。

如果你跳到弗蘭肯斯坦博士的工作檯上，身體保持乾燥，又有穿上衣服，那麼低於一百伏特的電力可能無法抵達你的心臟。[31]

為了確保電流能抵達你體內，弗蘭肯斯坦博士需要至少六百伏特——足以造成介電崩潰（dielectric breakdown）——用白話文來說，就是會在你的皮膚上燒出一個洞。

接下來，電會和神經啟動肌肉的電壓一樣通過你的身體，這時你的身體就會跳動。[32]《科學怪人》作者瑪麗・雪萊（Mary Shelley）在實驗中看到電流使屍體顫動，因而獲得靈感，在故事中寫下：「它活過來了！」

輕微的電力刺激未必是壞事。用電擊來反覆刺激肌肉收縮，可稱為運動。這樣你不費吹灰之力，就能長出六塊肌。

不過，除了非自願的運動之外，你還會面臨其他問題。電流不想沿著阻力較高的皮膚通過，而是透過阻力較低的鼻子、眼睛與口，輾轉進入你的大腦。無論電流碰到何處，那個地方都會變熱，這對你皮膚的傷害不算太嚴重，只稍微有點燙傷與冒煙。不過，你的大腦就敏感多了。

一旦電流進入你的頭顱，就會加熱大腦的蛋白質，使之膨脹。電流燒焦你大腦的外層之後，繼續往你腳踝的電腳環前進，這表示會經過與集中在你的腦幹——也就是控制你幾項生命機能的地方，例如呼吸。一旦腦幹燒焦，你就會「忘記」呼吸，無論你多麼想記住。

你的大腦能靠著氧氣存量，繼續運作幾秒鐘，但十五秒內就會失去意識，四到八分鐘之後則完全腦死。在瑪麗·雪萊的故事中，腦死不成問題。弗蘭肯斯坦博士只要再次扳動開關，你又能很快起身行走。不過，在現實生活中，腦死可就嚴重了。雖然

---

31 會致命的電量究竟是多少很難說，因為難以預測電流會如何前進。有人曾因區區二十四伏特的電壓死亡，但那是因為有很多水。

32 抓握電籬很危險，部分是因為電會導致你的手臂肌肉倏然伸直——而緊繃的肌肉又比放鬆的肌肉要強，於是你無法放開電籬。腳的情況也是一樣。電不會把人從地上「打飛」。電會導致肌肉伸直，而伸直的腿又比收縮的腿要強，所以你會跳起來。

心臟可靠著電擊，恢復規律跳動，但重新讓大腦運作，就像重開電腦一樣。

何況你的大腦性質已改變，因此弗蘭肯斯坦博士若想逆轉這過程，讓你起死回生，得先挖個新腦袋過來才行。

電梯纜線斷了會怎樣？

過去一百五十年來，現代電梯載運次數超過八千億次，有一・三兆人搭過電梯。這其中應該有人擔心過電梯纜線突然斷裂，害他們死於非命。

這也不算杞人憂天。

因為類似情況確實發生過。

一次。

一九四五年，美國空軍B-25的飛行員在霧中迷航，撞上帝國大廈七十九樓，切斷兩台電梯的起重索與安全纜線，導致兩座電梯在電梯井內直直墜落。電梯尚未自動化以前，會有操作員坐在裡面，引導乘客到達目的地。

其中一名操作員正好到外頭抽菸休息，堪稱史上時機抓得最好的休息時間。但另一名操作員貝蒂・露・奧莉弗女士（Betty Lou Oliver）就從七十五樓掉到樓下的電梯井。

電梯可說是最安全的動力運輸工具，但也不無風險。美國每年平均有二十七人死於電梯意外，但原因幾乎都是「操作錯誤」。你也可能錯誤操作（安全提醒：別在電梯關起時硬擠進電梯、電梯卡住時別設法爬出來、別超載）。相較之下，電扶梯的危險程度高出了十三倍。

電梯會這麼安全，部分得歸功於一八五三年艾利夏・葛瑞夫・奧提斯（Elisha Graves Otis，1811–1861）發明的安全制動器。安全制動器位於電梯廂上，即使纜線斷了，電梯還是可以停止。

在奧提斯發明安全制動器之前，電梯並不普遍。沒有人願意進入箱子，性命安危完全靠著一根纜繩維繫，無論那根纜繩多粗都無濟於事。奧提斯改變了這種情況，連帶促成一連串的改變。

電梯這個看似簡便的現代發明，卻是我們所知的都市生活不可或缺的設備。在電梯發明之前，大樓只能蓋到六層樓，畢竟誰都不願扛著日用品，爬到更高的樓層。那時建築物最貴的樓層在一樓。要爬的樓層越少，房價也越高。

電梯讓建築師能把樓層越蓋越高，都市建築物得以塞進更多人。如果沒有電梯，人口會從市中心往外擴散，因此郊區將永無止境擴張。

要不是奧提斯先生，所有城市都可能和洛杉磯一樣。但如果不可能的事情真的發生，奧提斯的發明故障了，於是你的電梯從摩天大樓頂端下墜，像奧莉弗女士碰到的情況，你也未必會一命嗚呼。如果運氣不錯，加上幾個物理學特殊現象，你還是能和奧莉弗女士一樣活下來。

目前電梯墜落的最高高度是一千七百呎（約五百一十八公尺）。電梯不可能更高，否則起重索會太重。一直要到一九七三年，世貿中心發明了電梯轉乘樓層之後，摩天大樓才突破電梯的高度限制。

電梯在一百七十層樓以自由落體急墜時，會以時速一百九十哩（約三百零六公里）的速度撞擊地面——這速度幾乎肯定會奪去你的性命。但假設你很幸運，電梯好好窩在電梯井。若是如此，電梯下方的空氣會溢散得不夠快，能形成類似柔軟氣囊的壓力緩衝，減緩你的掉落速度。

這樣當然有幫助，但想要活命，還需要更多條件。

逐漸放慢電梯停止的速度非常關鍵，能降低你身體承受的g力。g力是以地球重力當成單位，衡量你身上承受的加速度或減速度力道。目前你所承受的g力為一。最快速的雲霄飛車可達到五g（表示你會承受體重五倍的力量）。受過訓練的戰鬥機飛行員能在承受九g時持續飛行。

人類可在承受五十g的情況下生存幾秒。我們怎麼知道的？一九五四年，美國空軍設計戰鬥機的彈射座椅時，必須知道飛行員彈出飛機的速度能多快，又不會喪命。換言之，他們必須知道人體能承受多少g力。於是，他們創造出世上最恐怖的旋轉飛車，尋找志願者加入。

空軍軍官約翰．斯塔普（John Stapp）歷練豐富，曾在測試氧氣系統時差點窒息，也曾駕著無頂飛機，以時速五百七十哩（約九百一十七公里）飛翔，差點連皮都被剝掉。他就是不二之選。

空軍將斯塔普繫在特殊設計的火箭滑車上，把滑車加速到〇．九馬赫，之後在一．四秒即停止，看看會發生何種狀況，當時的情況相當於四十六．二g。

在極為不舒服的時刻，斯塔普的承重超過四千六百磅（約兩千零八十七公斤）。他眼部血管破裂，肋骨骨折，雙腕斷裂。所幸他活下來了，證明如果穩穩繫好安全帶，你可以承受超過四十g的減速度。

斯塔普能存活的原因之一是他的位置，這又回歸到剛才談到的自由落體墜落的電梯。你最好讓全身平均位於電梯中。別跳躍，這樣沒用。就算你神奇地在電梯撞擊地面前的一瞬間跳起，也只能減少一、兩哩的時速，而你落地時，器官會從動脈固定處剝離，往身體下方衝過去。

攀附在天花板的燈具上呢？萬萬不可。你同樣會墜落，像從頂樓跳下來，重重摔倒在地。你可能會很想爬到旁人的肩膀上，但也一樣沒用。這很危險，何況對方在撞擊之下也會跌倒。

最好的方法？仰躺。這樣能防止你的身體在停止時器官擠成一堆。

但有趣的是，奧莉弗女士在摔爛的電梯被發現時，並未如我們建議那樣躺在地上，而是坐在角落。令人訝異的是，雖然坐姿並非最好的姿勢，但她活了下來。她肋骨與背部斷裂，不過如果她當初躺著，由於電梯井底部的瓦礫刺穿到電梯廂內，她反而會遭殃。

別被誤導了。如果電梯纜線斷了，你的生命安全固然堪憂，幸好電梯纜線斷裂的發生機率十分渺茫——不到十億分之一。[33]

---

33 在此提供數據，讓你比較一下。走樓梯到二樓的危險程度，為搭電梯的十倍，而在建築物外攀爬的風險，更超過千倍。

在桶中從尼加拉瀑布滾下來會怎樣？

一九〇一年，六十三歲的退休小學教師安妮・艾德森・泰勒（Annie Edson Taylor，1838–1921）度日拮据。她在破屋子裡思索未來該如何是好時，忽然靈機一動，決定靠桶子從尼加拉瀑布滾下，認為這樣可以名利雙收。[34]她打造了一個桶子，用腳踏車打氣筒加壓，然後把貓放進桶中作測試，讓桶子從尼加拉瀑布滾下。貓和桶子都沒事，於是她在生日時自己進了桶子，請朋友把她推下水，滾到瀑布下方。幾分鐘後，桶子從瀑布底端冒出，泰勒女士幾乎毫髮無傷。雖然成功了，但據說她表示：「我寧可速速走向大砲口，知道自己會被炸得粉身碎骨，也不要再從瀑布滾下。」

雖然泰勒女士提出這番忠告，但她能生還，仍引起不少人仿效，只是多數人沒那

34 可惜沒能如願。

麼命大。多數人都選擇躲進桶子，還有人使用單人小艇、水上摩托車與大型橡膠球。

假設你和泰勒女士一樣，選擇桶子當成載具，請朋友把你扔到尼加拉瀑布中央，讓水流把你推下瀑布。

等你來到瀑布底下，已墜落一百八十呎（約五十五公尺），時速高達七十哩（約一百一十三公里）。至於能不能存活，得看你撞到什麼。

若桶子撞上岩石，那就不妙了。航太總署曾在研究中測試人體耐受度，結果發現，若直接掉落二十二呎（約六．七公尺），亦即撞擊某堅硬物體的時速為二十五哩（約四十公里），且以雙腳著地，那麼通常能活下來（這不表示你不會重傷；通常是會）。若是從二十三到四十呎掉落（約七到十二公尺），則會危及你的生存機率。但如果是從四十呎的高度墜落，以時速三十四哩（約五十五公里）的速度撞到岩石，幾乎必死無疑。顯然，如果你和桶子以七十哩時速撞到一百八十呎瀑布底部的岩石，就小命不保。

從瀑布上方墜落水面，當然比墜落在岩石上好多了。所以你最好能掉落在瀑布的馬蹄形區域，這樣才能落入水中。不過，這不表示你就安全無虞，落入靜水時尤其如此。美國空軍的研究顯示，如果你以時速七十哩撞擊到水面，生存機率只剩下二五%——這還是以完美姿勢的撞擊水面的狀況（腳先著地、膝蓋微彎，身體稍微往後仰）。如果是以其他姿勢落水，幾乎也必死。[35]這是因為，如果你無法以完美的姿勢撞擊，就得在水下的第一呎完成減速，而在這麼強大的g力下，脆弱的胸腔骨會粉碎，刺穿你的內臟。而你的頭撞到脊椎時，顱骨也會骨折。其他器官也是一樣，會猛力下墜。[36]

但還是有好消息。尼加拉瀑布下的水不是靜水，裡頭有空氣、流動迅速，不斷翻騰，這對高速墜落時很有幫助。氣泡比水的密度低，因此你在停止之前，會在充滿泡沫的水中移動得遠一點，降低你所承受的g力。尼加拉瀑布下方充滿空氣的水，讓許

---

35 同一項研究顯示，若從兩百四十呎（約七十三公尺）高的地方落下（以時速八十哩〔一百二十九公里〕撞擊水面），無論身體採用何種姿勢都會喪命。金門大橋（Golden Gate Bridge）兩百四十五呎高，從上面跳下的人有九五％都因撞擊而死。

36 常見的問題：如果你掉入水中，那朝水面發射子彈，是否能在你落水時，「打破表面張力」，進而救你一命？很可惜不會。表面張力和你的生存機率沒有關係。有關係的是水的密度及水會多快讓你停下來。你如果要生存，就必須減少密度，因此需要很多泡泡，而光一個標準子彈根本無法產生夠多泡沫。你會需要一條三呎深且與你等寬的泡泡柱。所以，為了給自己一個機會，你得需要爆炸子彈或是許多子彈（例如機關槍）。

多特技表演者能浮出水面，同時保有完整的五臟六腑。

但壞消息**也是**尼加拉瀑布的水充滿空氣，且不斷翻騰。這表示這裡的密度較低，你也較不容易浮起來。或許正因如此，桶子看起來雖然不適合航海，但在密封的桶子裡掉下瀑布的人，確實比只穿泳褲的人有較高的機率生還。桶子比人更容易浮起。

若你把自己裝在桶中，從瀑布上掉落，且身體完好無傷，接下來要面對的問題，就是瀑布下方的水不斷回流。桶子有時候會卡在瀑布後方的水幕好幾個小時。

喬治·史塔沙吉斯（George L. Stathakis），是另一個衝下尼加拉瀑布的大膽之士。他在一九三〇年從瀑布上落下，桶子就在水幕後方卡了十四個小時。即使你的桶子完好，裡頭的空氣也不足以撐那麼久。史塔沙吉斯在瀑布下方的水域回流時，就在某一刻窒息身亡。

尼加拉瀑布下方回流的水流，才是真正的殺手。這充滿氣體的水通常可避免玩命之徒在撞擊時一死（雖然難免骨折），但水流會如何回流則難以預料。幸運的話，水會在幾秒鐘內把你吐出來，你就可以到處巡迴演講，賺點錢來支付罰款。但如果你和史塔沙吉斯一樣，就會被拉到水中，卡在水幕後方，活活淹死。

睡不著會怎樣？

你出生後的一萬天，已在地球上度過二十七年四個月又二十五天。你也可以說自己的年齡是二十四萬個小時。在這段時間，你會花一萬一千個小時吃飯、一整年上廁所，還有另外一整年眨眼睛。不過，這些活動和你最喜歡的活動一比，莫不相形失色——失去意識。你活到一萬天時，已花了九年的時間睡覺。

若有機會把時間還給你，你會要回來嗎？換句話說，如果給你**超強**的能量飲料，讓你**永遠**醒著，你要不要喝呢？

回答之前，請審慎考慮。若讓你選擇不吃東西，或選擇不睡覺，你最好放棄火腿三明治。不睡覺會讓你比不吃東西更死得更快，而且更不舒服。

更耐人尋味的問題是：**為什麼**？專家還無法確定。無論睡眠時到底發生什麼事，顯然相當重要，原因不光是我們需要大量的睡眠時間，更因為從演化來看，這似乎沒道理。在人類的歷史中，有漫長的時間得面對大型掠食者。人類在食物鏈中僅僅占有中間的位置，若有好幾個小時躺著，渾然不知劍齒虎正在接近，聽起來很危險。很難想像在適者才能生存的環境下，這「適者」竟然是三分之一的生命都坐以待斃的動物。

顯然，睡眠期間有很重要的事情發生。無論睡眠風險多大，卻是整個動物界的普遍需求。老鼠在貓咪環伺的環境下會打瞌睡，連植物也有類似睡眠的晝夜節律。

睡眠可追溯到演化開始之前的適應行為。或許你的遠親（也許是遠古的某種藻類）會打個盹，讓藍綠色的頭部神清氣爽，進而表現得比同儕好一點，也才有後來的演化史。

雖然我們不知道那個藻類的名稱，卻能透過藍迪．加德納（Randy Gardner）的事蹟，更了解睡眠的重要。一九六四年，加德納是個十六歲的高中二年級學生。他來自加州聖地牙哥，進行了史上最漫長的不睡覺醫學觀察。金氏世界紀錄不再記錄加德納這種行為（太危險），不過一九六四年，在正式持續觀察下，這位高中二年級的學生連續兩百六十四點四小時沒睡覺，也就是超過十一天。

這其實是高中科學計畫的一部分（但願是很重要的一部分），過程並不順利。第三天，加德納把街道標誌誤認為行人，到了第四夜，他深深相信自己是職業足球員。

醫師表示，他對質疑他能力的人非常生氣。

到了第六天，他開始失去控制肌肉的能力與短期記憶力。測試者請他從一百開始倒數，每隔七唸出數字，但他數到一半就忘記自己在做什麼。到了最後一天，他仍可在玩彈珠台時打敗一名觀察者（有人質疑這名對手的能力）。即使經歷了這些風波，加德納睡了十四個小時之後，就完全恢復。

儘管加德納並未讓自己達到無睡眠的體能極限，但從幾隻老鼠的不幸前例來看，我們知道達到極限時會發生什麼事。

研究者曾在實驗室迫使一群老鼠不能睡。他們監測老鼠的腦波，一旦發現老鼠開始打盹，就轉動牠們腳下的滾輪，強迫牠們運動。換言之，老鼠無法睡覺。就是這樣。

兩週後，老鼠都死了。後來，研究人員又重做這項實驗，但這一次會以其他方式設法挽救老鼠性命，只是仍不讓老鼠睡覺。這次實驗中，老鼠的體溫開始下降，因此測試者提高環境的溫度。但沒有用。老鼠的免疫系統變弱了，試驗者又給老鼠抗生素，一樣沒用。後來，老鼠體重減輕，實驗人員給予更多食物，最後老鼠還是死了。研究人員能挽救老鼠的唯一方式很簡單：讓牠們睡覺。之後，老鼠幾乎都能完全康復。從這結果或可約略看出，不睡覺會「毒害」老鼠，唯一有效的解藥是睡眠。

人類則可透過腦波測量，來觀察不睡覺的影響。你疲憊的時候，控制記憶與推理的前額葉就會超載。它必須更努力工作，才能做頭腦清醒時能輕易處理的工作量，這情況就像用老舊的電腦開大型檔案。大腦在疲憊的時候，無法順利運作。

如今科學家百分之百肯定睡眠的必要性，理由正如史丹佛大學研究者威廉·德門特博士（Dr. William Dement）正經地告訴《國家地理雜誌》：「我們要睡覺，是因為我們覺得睏了。」

但這情況可能改變。近期研究讓我們更了解睡眠。研究人員在觀察老鼠與猴子時（雖然還沒觀察到人類）發現，睡眠似乎是大腦的洗碗精。

清醒時，腦細胞會產生有毒的廢物蛋白質，這些蛋白質的存在導致大腦功能受損。[37]要清理掉這些毒素，必須用腦脊髓液去沖大腦細胞，帶走這些廢棄物。可惜的是，你醒著的時候，腦脊髓液是不會流動的。清醒著到處走的時候，腦細胞比較胖，沒有什麼空間讓腦脊髓液在其間流動。這表示腦脊髓液會「卡在」大腦塞車的車陣中，於是毒素就在原地累積。

一旦你睡著之後，腦細胞就會萎縮，腦脊髓液便像半夜在高速公路上開車一樣暢行無阻，湧進你的大腦，沖走造成污染的毒素。你的細胞醒來時就會乾淨清爽，準備思考人生最深刻的意義，或考慮要吃雞蛋還是穀片。

如果這理論正確，即可解釋為什麼你疲憊的時候心智機能大幅下降、為什麼缺乏睡眠會奪命，以及為什麼老鼠被迫不得入睡時，會固執地拒絕活下去。醒著就會讓你的大腦變髒，而大腦顯然非常討厭變骯髒。它非常渴望睡眠，你在熬夜最後仍不敵瞌睡蟲時，就能感受到這一點。大腦很需要睡眠，因此曾有人拒絕飲水、溫暖或食物而死，但醫療史上從來沒有人因為抗拒睡眠而死。[38]人類終究無法抵抗睡眠的衝動。

演化似乎給了你睡眠能力，也極力確保你使用這能力。

美國每年死於車禍的人數中，有近一千五百人是因為駕駛的大腦進入無意識狀態，即使知道自己正以六十哩（約九十七公里）的時速，駕駛車輛載運一噸重的東西。

---

37 睡眠時會排除的一種廢物稱為β-類澱粉蛋白（beta-amyloid），這種物質的存在和阿茲海默症與失智症有密切關聯。

38 有種很罕見的致命疾病，叫作「致死性家族失眠症」（fatal familial insomnia）。患者無法入睡，但看起來致命原因是大腦傷害，失眠只是副作用。

不僅如此。從火車、飛機與工業意外到車諾比核電廠事故，都和疲憊脫不了關係。當你在駕駛火車或汽車時，疲憊相當危險，可能導致你進入微睡眠狀態（microsleep），也就是短短三十秒以下的無意識狀態。微睡眠是無法抵抗的，而且進入與脫離這狀態的過程非常流暢，因此你可能根本沒察覺這情況發生，除非醒來時發現自己在陰溝裡。

睡眠可能是人類需求中，唯一強烈到你無法因缺乏而死的需求。想測試你腦袋有多大的能耐不睡覺，恐怕只能把你連結到超大版本的惡魔機器，也就是那些不幸的老鼠死在上面的那種。我們不建議你這麼做，但如果你踏上那折磨人的機器兩週，會開始胡言亂語、無法記住某個想法超過幾分鐘、自認是職業足球員，之後就會因為腦細胞過髒而死。

遭雷擊會怎樣？

一九七八年四月二日，偵測核爆的船帆座（Vela）間諜衛星發現雙閃現象，顯示似乎有人在紐芬蘭外海貝爾島（Bell Island）的採礦小社區扔下核彈。不過，軍事分析家認為這情況不太可能發生，因為冷戰不太可能在紐芬蘭這地方突然白熱化。經過幾次電話聯絡之後，他們確認這處採礦社區並未淪為核爆廢墟。

那麼，到底是怎麼回事？

船帆座衛星不會偵測到閃電，因為核彈的光線比閃電明亮得多。但船帆座的設計並未考量到「超雷電」（superbolt）的現象——這是一種很罕見的閃電，威力大得不輸核爆。貝爾島的閃光就是超雷電，在三十哩外（約四十八公里）仍可聽到雷聲，造成三呎（約一公尺）的凹洞、房屋毀損，電視機爆炸。

什麼是超雷電？一般閃電是從雲的底端劈下，距離地面僅僅三千呎（約九百一十四公尺）。而出現機率僅百萬分之一的超雷電是源自於地面上空三萬呎（約九千一百四十四公尺），需要更強大的電壓，才能通行這麼長的距離，威力比一般閃電強百餘倍。[39]

超雷電極為罕見，且多發生在海上，因此第一手的目擊敘述並不多。一九五九年四月二日，伊利諾州利蘭市（Leland）曾發生超雷電，在玉米田上留下十二呎（約三點七公尺）的洞。一八三八年，超雷電打在英國皇家海軍羅德尼號（*Rodney*）八百磅的桅杆上。作家法蘭克．連恩（Frank Lane）在《怒吼環境》（*The Elements Rage*）一書中寫道，這道超雷電「立刻把桅杆劈成一堆木屑」。

如果你真的非常、非常不幸，站在看起來很不祥的雷雨雲下方。雷雨雲在離地面三萬呎的高空產生雷電，接下來會發生什麼事？你會被劈成一堆肉屑嗎？

有可能。但真正的結果得看雷電如何打在你身上，以及這道雷電傳遞多少能量。若有一整道和手臂等寬的雷電穿過你身上，那麼即使一般的閃電也會把你變得和羅德尼號的桅桿一樣，成為一堆碎屑。但通常不會的原因在於，即使閃電直接劈在你身上，也只以部分力量通過受害者的身體。有些人直接遭到雷擊之後仍活下來，因為這道閃電「包圍他們」，而非直接穿過他們的身體。

被閃電包圍聽起來像是會致命的經歷，但如果真的被雷劈，那麼這情況的生存機率最高——你身上是溼的更好。電總是從阻力最小的路線通過，如果閃電打到你，而你是溼的，那麼這路線通常是沿著你的皮膚通過，不會穿過你體內。閃電也會讓你周圍充滿電力，那一刻，空氣會變得比你的內臟更容易讓電通過。[40]這就是閃絡現象（flashover），因此有些人被雷擊昏，醒來後發現自己全身赤裸，因為皮膚上的水分蒸發了，身上的衣服支離破碎。

雷擊與一般家庭觸電的一大差異，在於閃電很快通過你的身體（通常介於八到十微秒）。一般來說，若是把叉子戳進插座造成的觸電，由於持續時間較長，對心跳的衝擊並不嚴重。雷擊時，雷電通過心臟的確切時間點決定了你的生死。不幸的話，雷電會在心臟收縮前一瞬間通過。如果電流在這瞬間通過你的心臟，這十分之一秒就會引發心房纖維顫動（fibrillation）。如果沒有除顫器幫助，就會命喪黃泉。

---

39 目前科學家尚未完全了解雲如何產生電，但一般認為，這和冰與水在暴雨雲的上升與下沉氣流中上下移動有關，如此會產生靜電，就像毛襪在地毯上磨擦時會產生的狀況一樣。

40 如果感覺到靜電在累積，例如手臂上的汗毛聳立，或你周遭空氣開始劈啪響，立刻找掩護。到車子附近最好。車子的金屬是閃電的低阻力通道。電流會在車子外緣的周圍通過，車內能完全避開。

但如果閃電在心臟收縮後才劈下，你就走運了，雖然還是置身險境。超雷電可擾亂整座城鎮的電力線路，貝爾島上的房子就是證明。試想這會對你身體造成什麼影響？你的大腦只靠十分之一伏特的訊號運作。雷擊過度刺激你的中樞神經系統，力量暫時勝過大腦，造成你失去意識，甚至搞亂提醒你呼吸的腦幹。如果情況嚴重，你就會真的忘記呼吸。[41]即使閃電不是直接擊中，也可能發生這種情況。

該如何避免這一切？下雷雨時，萬萬不可站在樹下[42]。閃電可能劈到樹木，傳到地上，把這地方變成電爐。這對你來說很不妙，因為人體的很大一部分是鹽水，鹽水的阻力比地面上的水低，因此你會變成阻力最小的通路。

閃電會沿著一條腿而上，從另一條腿下來，挾持你體內的電力系統，導致腿部肌肉突然伸直，迫使你跳起。電流也會引發「電穿孔」（electroporation），這過程會刺穿與毀壞細胞壁，導致電流通過的組織壞死，成為發炎溫床。好處呢？至少電流不會通過你的腦幹，因此你還是會記得呼吸。

超雷電劈到羅德尼號的桅杆時，使桅杆上的水沸騰，水分子快速膨脹成氣體，把整個桅杆炸到水中，連恩說：「像木匠拿刨木刀在船上狂刮。」

若直接遭超雷電劈打，大部分的電流很可能沿著你身邊經過。不過，超雷電夠強，即使大部分的電只從你身邊經過，剩下的也足以讓你心跳停止、大腦失控。換言之，你死定了，只是不會粉身碎骨。

如果你真的很不幸，或誤信偏方，在頭上插根金屬棒，那麼和晚餐盤一樣寬的雷便會完全打在你頭上，這樣你的下場將和羅德尼號的桅桿一樣。雷電順著你多汁的血管與組織流竄，以比你站在太陽表面還熱的能量把你加熱，讓體內的水變成蒸氣，身體炸得粉碎。[43]

屆時，船帆號衛星將發現這次閃電，或許還有幾個科學家會飛過去，確認沒有人施放核彈。但他們只會發現幾台壞掉的電視機、幾個驚魂未定的鄰居，還有一些分散得很平均的屍塊。

---

41 正因如此，心肺復甦術（CPR）在雷擊之後特別重要。腦幹可能自行從混亂中恢復，你可以恢復呼吸，但那需要時間。問題是，如果沒人幫助你呼吸，你根本沒有時間。

42 想知道其他糟糕的點子？躺在壕溝。沿著地面傳導的電力會形成弧線穿過你的身體，抵達壕溝的另一邊。站在淺淺的洞穴中也不好，因為也有電弧的問題。趕快找一輛車進去吧！

43 即使是普通的閃電，也可以穿透你的皮膚，加熱、撕裂你的微血管，在你身上刻出「閃電花朵」（lightning flower）或「皮膚羽毛紋」（skin feathering）的圖案。

在全世界最冷的澡盆泡澡會怎樣？

我們都曾不小心跳進太冷的浴缸裡。但如果你跳入全世界最冷的澡盆泡澡，情況難以收拾會怎樣？比方說，水電工不知怎地犯了錯，把冷水換成液態氦（全世界最冷的液體），而且你又沒有先用腳趾試試水溫，就一股腦跳進去了。

有幾個科學家就差點發生這樣的事情（好吧，不完全一樣，但差不多了）。瑞士的大型強子對撞機（Large Hadron Collider，是一種巨型粒子加速器）重啟後九天，有個焊接點失靈，於是六噸的液態氦流入隧道，[44]所幸事發當時無人在場。如果哪個科學家在這隧道裡，就會變成

---

44 這次故障的威力龐大。能供應一座小城市的電能被扔進焊接點附近的金屬，立刻使接點汽化，引發的爆炸將十噸磁鐵移動了超過一公尺。

（小心有雷）

《魔鬼終結者二》（*Terminator 2*）被冷凍的壞蛋。

你或許對氦這種氣體並不陌生，因為派對用的氣球會填充氦氣。氦氣必須在攝氏零下兩百六十九度才會變成液態，只比絕對零度高一點點。如果你的澡盆裝滿液態氦，其中有一部分溫度會提高，變成氦氣，而一磅的液態氦會變成一百立方呎的氣體，這樣會取代不少氧氣。

而一旦你跳進浴缸，你可能會大喊，但發出的聲音卻變成尖細的大叫。這是因為聲音在氦氣的傳遞速度為空氣的兩倍以上，而音質又取決於聲音在你口中如何震動。在氦氣中，聲音來回反彈的速度變快，於是你的聲音會高八度。

所以你的聲音聽起來會很好笑。

當然太冷也是問題。不過，你剛跳進去的前幾分鐘，或許會很驚訝為什麼不太痛。這是因為萊頓弗羅斯特現象（Leidenfrost effect）。你剛碰到極冷的液體，溫暖的皮膚迅速將液態氦變成氣體，將你和極冷物體隔絕開。萊頓弗羅斯特現象會讓你把手放在液態氦、氮氣或甚至熔鉛時都不會痛，只要動作夠快。

我們不確定這效果能維持多久，但你至少有幾秒的時間比較不會痛。之後，你的皮膚就會變冷，無法再讓液體沸騰，於是氦直接刺激皮膚，你就會開始發痛。

皮膚有兩種接收器，負責告訴你冷不冷。其中一種告訴你會涼涼的（能在攝氏二十度以上啟動），另一種則是會告訴你很冷，且你會把這訊號詮釋為疼痛。你碰到低於十六度的東西時，這種告訴你很冷的神經細胞就會開始發出訊號，而你碰的東西越冷，就覺得越痛。

不消說，如果浸在液態氦中，你的感覺會繞過覺得涼的神經元，直接啟動發痛的神經元。但除了疼痛之外，還得面對另一個問題：窒息。

你吸進的氦氣不僅讓喊叫聲聽起來很好笑，還會替代氧氣。氦沒有毒，因此你可以在派對上從氣球中吸氦氣來搞笑。但跳進液態氦時，氦會取代太多氧氣，危及你的性命，而人體只會偵測到血液中的二氧化碳濃度上升，感覺不到氧氣濃度下降，因此你不會發現不對勁。一旦跳進澡盆，就只能維持十五秒鐘的意識，之後將陷入昏迷。[45]

在你痛得發出第一聲高音尖叫之後，到你缺氧昏迷之前大約有十秒左右的空檔，因此你可能會發現這液體有奇妙的現象。

眾所皆知，液態氦非常、非常冷，也是一種超流體（super fluid），有幾種超強的能力。

首先，液態氦的摩擦力很小，如果你攪拌槽中的液態氦，幾百萬年後再回來看，會發現裡頭還有一部分在攪動。[46]液態氦也會爬牆，因為它很輕、摩擦力很低，如果把它倒在杯子裡，它會爬出杯緣，流到你手上。這表示如果澡盆裝滿到胸口，液態氦會爬到你脖子的高度。

讓超冷的液體爬到脖子上可不是好事。脖子隔熱能力不佳，又有大量血液流經。就算你沒有缺氧昏厥（假設你恰好帶了潛水用的水肺），液態氦也會讓你的血液結凍，在脖子上形成冰壩。大腦需要血液才能工作，一旦血液在動脈堵住，大腦無血可用，當然就會失靈。

即使你死了，仍會處於結凍的狀態。因此你會和《魔鬼終結者二》的惡棍一樣堅硬——沒錯，如果有人用子彈射擊你已結凍的身體，會粉碎你的某些部位。

不過，說到超冷液體，你倒是比魔鬼終結者的反派多了些優勢。因為金屬是很好的熱導體，即使大反派只有腳上有液體（以他的例子來說，是比較溫暖一點的液態氮），他還是會全身結凍。你的皮肉是比較好的絕緣體，若只把腳放進澡盆，你的頭不會結冰。

不過，和電影中的機器人一比，你還是有些缺點。一旦它解凍即可恢復運作，但你不行。

等到氮蒸發，你也解凍，這過程會殺死你的細胞。不巧，這正是問題所在（好吧，是問題之一）。這就是大腦在低溫實驗室面臨的問題。如果你是慢慢結凍，細胞的水分會長出雪花般的尖刺，這些尖刺將殺死你的細胞。但如果快速冷凍，無論是用液態氮澡盆或冷凍實驗室，你都會跳過長出雪花尖刺的階段，細胞不會遭到永久破壞。

---

45 為什麼你的身體只認識二氧化碳，不認得氧呢？偵測氧的濃度是很困難的化學過程。但血液中的二氧化碳濃度增加，酸性就會增加，因此不難察覺，無論在你的身體還是在化學課都一樣——演化或許採取了比較簡單的作法。

46 可惜液態氮會害人凍死，不然摩擦力很小，很適合在滑水道上玩。

對你和那些冷凍實驗室的科學家來說，可惜的是沒有快速解凍的方法，因此在轉換回室溫時，細胞裡還是會因長出尖刺而死。

遭到摧毀的細胞死了就死了，無法復生。因此你的下場和機器人不同，再也回不來了。

從外太空高空跳傘下來會怎樣？

最高的高空跳傘世界紀錄，是艾倫・尤斯塔斯（Alan Eustace）在二〇一四年十月所締造的，他從新墨西哥州上空二十九・五哩（約四萬七千五百公尺）跳下，墜落時速為八百二十二哩（約一千三百二十三公里），比音速還快，還產生在地面也聽得見的音爆。不過，艾倫並非從太空中一躍而下——所謂的太空，是指地球上方六十二哩（約一百公里），雖然這標準有點武斷[47]。不從太空跳下當然其來有自，但假設你不肯聽勸，一心只想刷新世界紀錄。為了要讓你的紀錄難以打破，我們假設你決定從國際太空站

47 地球大氣層並不是在某一點就倏然停止，而是越高越稀薄。在六十二哩（一百公里）高的地方，仍然會有些大氣，但這高度中，航空器必須要以軌道速度才能飛起——這樣看來，把這裡定義成太空是挺合適的。

（International Space Station）的艙面出發，亦即位於地球上空兩百四十九哩（約四百零一公里）之處。

首先，你得找一套太空衣及氧氣，才能存活一段時間（少了這些東西的下場，請參考六十二頁）。你離開太空站之後的第一個挑戰，就是如何前往你的目的地。你會和太空站一樣往地球掉落，但也會和太空站一樣以每秒五哩（約八公里）的速度往側邊移動。事實上，由於往側邊移動的速度非常快，因此你雖然朝地球墜落，最後卻會錯過目標。這叫繞軌道。有點摸不著頭緒？不妨這樣思考：假設地球沒有山，也沒有空氣阻力，而我們從大砲管把你發射到距離地面六呎（約一百八十公分）高的地方，讓你以每秒五哩的速度掠過地球。地球重力會把你從這六呎高的地方拉下來，但因為你已經前進得夠遠，加上地球是個球體，地面的弧度也會往下掉落六呎，因此你還是距離地面六呎。[48]國際太空站也在做一樣的事情，只是高度高得多。

你離開艙面即可往地球墜落，地球引力會助你一臂之力，不需要其他方式協助墜落。你需要的幫助是減速，才不會錯過你要降落的星球。因此，我們就給你火箭推進器，幫你下墜的速度放緩，像聯盟號太空船（Soyuz）回到地球時那樣。

你在減速時，就會來到六十二哩高空這處隨意制定的太空邊界。這時你的墜落速度會是二十五馬赫，溫度燙得不得了。最快速的載人航空器是X–15試驗機——基本上就是有駕駛艙的火箭。這架試驗機的速度高達六．七馬赫，但因為飛機開始融化，因此無法維持這速度太久。

你的速度會快好幾倍。二十五馬赫並非人類創下的最高速紀錄。人類最高速的紀錄為三十二馬赫，亦即阿波羅十號返回地球時太空艙的速度。不過，二十五馬赫也差不多了，然而阿波羅十號的托馬斯．斯塔福德（Thomas Stafford）、約翰．楊（John Young）與尤金．塞爾南（Eugene Cernan）都待在有隔熱罩的載具中，但你沒有。

這就會衍生新的問題。二十五馬赫相當於時速超過一萬九千哩（約三萬零六百公里）。那在外太空的高度沒有問題，因為外太空沒有大氣。但空氣變厚，你就會開始減速。

這減速過程相當痛苦，因為空氣讓路的速度不夠快。因此引發不少問題，但我們

48 這也表示哥倫布說得沒錯，如果地球是平的，你不可能繞軌道而行。此外，每小時五哩已經比任何子彈要快，但在月球，你只需要每秒零點七哩的速度，就可以繞行月球軌道，比瑞士來福槍的子彈速度還慢。因此，如果你在月球上發射瑞士來福槍，子彈就會繞行，且打到你的後腦勺。

把焦點放在三大問題上。

第一個問題是g力。你減速過快，得暫時承重四千五百磅（約兩千公斤）。美國空軍軍官斯塔普證明，你可以短暫承受四十六g的力量，但三十g的力量若持續很多秒——正如你會經歷的——你就必死無疑。這個重量會壓壞比較柔軟的器官（例如氣管與肺部）。

第二個會同時發生的問題，就是亂流。在二十五馬赫時，風會快速移動，把你到處亂甩，拉扯得四分五裂。雖然衛星也會變慢，並飛出軌道之外，但是衛星也無法整塊墜落，而是分裂成許多碎片。衛星是以金屬焊接而成，每個部分的連接都比你堅固得多，連岩石在墜落地球時也會四分五裂。

第三個問題就是熱。來不及快速讓路的空氣會壓縮，而壓縮空氣會產生熱。美國SR–71黑鳥式偵察機的機翼在三馬赫時就上升到攝氏三百一十六度。

在二十五馬赫時，空氣燙得足以融化岩石。為了承受這種熱，太空梭採用耐高溫岩石製成的陶瓷板，其熔點很高，導熱性很差，即使在一千兩百度的烤箱裡加熱仍可徒手碰觸。[49]哥倫比亞號太空梭（Columbia）隔熱罩損壞，讓壓縮的熱空氣進入太空船內，導致返航時解體。[50]

你沒有隔熱罩保護，只得承受焚燒。高熱會讓你的皮肉碳化，一開始是烹煮，等到有夠多氧氣之後就開始燃燒，最後在一千六百四十九度時汽化。

汽化是指你的分子解體成個別的原子，因此你就變成了碳（carbon）、氫（hydrogen）、氧（oxygen）與氮（nitrogen）構成的氣體。但即使是氣體的原子，也無法承受這種高溫。

這個熱會把你原子裡的電子扯開，把你變成發光墜落的電漿。[51]

好消息是，你最後的時光會非常搶眼，成為一道劃過天際的火焰，即使白天也能看見，比任何流星都燦爛。

就和一般的流星一樣，你不會有任何部分落到地面，至少一開始如此。相反地，你會變成一個個分開的離子化電漿，在大氣層中飄浮。

---

49 YouTube上有很好的示範影片。

50 在發射時，用來保護太空梭超冷燃料箱的泡沫塑料掉落，導致隔熱罩出現洞口。新的太空運輸設施引進後，將不會有比太空梭更高的燃料箱，以降低這種問題發生。

51 抱歉，我們認為你恐怕不會留下任何殘骸。超過兩噸重的冰塊進入大氣層之後會燃燒殆盡，而且你不會比冰堅固到哪裡去。

最後，你孤單的原子核會找到新電子替代，再度恢復完整，繼續掉落，完成史上最高的高空跳傘。

之後，因為你身體中有許多原子，而等它們有時間覆蓋大氣之後，至少有一個會成為每個人呼吸的空氣，永遠存在。

時光旅行是什麼情況？

綜觀地球歷史，絕大部分時間是環境非常險惡的地方，若非太冷太熱，就是有可怕的掠食者。不過，姑且想像你有一台時光機，你想看看地球史上的不同時期。我們認為，如果你進入時光隧道，會發生以下的情況。

四十六億年前：地球才剛形成，但不算真正存在。你會踏上一團氣體與灰塵，這些東西被自身重力吸引，不斷塌陷。許多垃圾到處亂飛，有些緩緩彈過你身邊，有些則是以比子彈還快的速度衝過。要是被其中一種撞到，會直直撞穿你的身體。但這種情況不太容易發生。真正的問題是，那時的地球還是一堆混亂的太空垃圾，沒有地表或大氣層，你等於是置身在吸塵器中。你會在十五秒內昏過去，並在幾分鐘內窒息而死。

這時的地球還在施工中，晚點再來看吧！

四十五億年前：地球表面出現！可惜這表面是由熔岩構成，所以你還來不及窒息，就先活活燒死。這時地球還沒有固態岩石，萬物仍處於融化狀態，所有東西都還沒冷卻。這時的地球已有大氣層，但裡頭不含氧氣。不過，你可能沒時間注意，因為你站在熔岩上。空氣中含有許多氦，因此你的吶喊聲會變成高八度的尖叫。

你是從名符其實的「冥古代」（Hadean era）中期冒出。希望下次運氣好一點。

四十四億年前：這時地球表面已冷卻，是稍微好一點的造訪時機。目前發現過最古老的岩石就是在這時期形成，因此我們知道至少有東西可讓人站。

可惜，地球尚未形成臭氧層來抵擋太陽的紫外光，這表示在十五秒之內，紫外線輻射就足以把你曬傷。

接下來還得面對氧氣的問題——這時期仍沒有氧氣，因此你會窒息。我們建議屏住呼吸。原因之一是你能多活一分鐘；其次是，這時的空氣充滿甲烷、二氧化硫與阿摩尼亞。如果你設法呼吸，那麼最後的記憶會是聞到臭雞蛋味。

三十八億年前：這時，你可以在死前游泳了！太陽系早期相當混亂，岩石塊到處橫衝直撞，地球不斷遭到轟炸。不過，流星體會帶來伴手禮——新的氣體。這些氣體與地殼結合之後，便會形成大氣層，開始下雨，形成海洋。這時的地球甚至已洗淨臭硫磺味，不會到處臭氣熏天。

生命開始出現，因此至少你不會獨自死去。藍菌門微生物已在地球上生存。地球還是沒有氧氣，因此你會窒息。如果幸運的話，會有隕石撞上你，飛過你頭上時就先把你煎熟，或引發大海嘯，把你淹死。

十四億年前：終於可以呼吸了！海洋中小小的有機體已生存超過十億年，還出現了會新能力的夥伴。這些沒有名稱的藍綠藻攝取大氣中豐富的二氧化碳，排出的廢氣就是氧氣。藻類運用這種新技巧（亦即「光合作用」）繁茂生長，經過數百萬年的累積，遂改造大氣層的整體構成。

可惜，其他有機物在舊的大氣環境活得比較好。對它們來說，氧氣有毒，所以它們在地球第一次大型污染事件中幾乎全數滅絕。

不過，對它們來說有害的東西，對你反而有好處。只是這時的大氣中，氧氣只占四％。除非你是喜馬拉雅山脈的雪巴人，否則你需要二一％的空氣含氧量。呼吸四％含氧量的空氣，就像在三萬呎（九千一百四十四公尺）的地方呼吸，不是不可能，但需要訓練。所以來到這裡之前，先到喜馬拉雅山鍛鍊一下吧！[52]

如果你有辦法應付氧氣的問題，這時河流有淡水可喝，只是沒有動物可吃，也沒有比藍綠藻更大的植物。更嚴重的是，如果藍綠藻和生存於現代的後嗣一樣（很難確知），就含有藍藻毒素（cyanotoxin），這是大自然中最致命的神經毒素之一。吃下藍綠藻會癱瘓你的腸子與橫膈膜，並因而窒息。

換言之，如果你在十四億年前造訪地球，就表示若你不吃當地料理就會餓死，但吃了又會窒息。

五億年前：你的生存機率和你出現的地點有關。在海邊生活是正確的選擇。這時，海洋裡還沒有東西爬出來，陸地完全荒蕪，但海洋生氣盎然。如果你出現在海岸，可能有機會活下來。

這時空氣中已有足夠的氧氣，因此你可以呼吸幾分鐘，能捕捉帶殼的有機體來吃。但是可得當心水中的情況。那裡有很大的魚，而你沒有殼，看起來就像可口的烤豬。還有超大水蛭四處出沒，可附著在你的身側，吸出你的內臟。

臭氧層尚在發展，因此你需要工業級防曬乳（SPF 250的特製防曬乳），以及一副好墨鏡（否則紫外線會在十五分鐘內灼傷你的角膜）。但最重要的是，你終於有生存機會了。

四億五千萬年前：臭氧層完成，你可以到處探險，不怕致命曬傷。海洋生命蓬勃發展，河裡有魚，你應該可以生存下去。不過，這時沒有任何東西比矮樹叢還高，因此很難找到遮蔽，在陸地上覓食也很困難。

三億七千萬年前：這時是晚泥盆紀。時光旅人若想生存，此刻應該是最適當的時期。這時陸地上有生命，你可以坐在樹下，說不定這棵樹是可食的，而且這時期的動

---

52 在低氧環境中的其他生活問題還包括：如果你在旅途中割傷自己，傷口不會癒合，因為你的身體需要能量來修補自身。沒有足夠的氧氣，你就沒有足夠的能量修補傷口。要生孩子更不可能，因為孕婦沒有足夠的氧氣分給胎兒。

物還不夠大得足以吃掉你。昆蟲還要七千萬年才會出現，很棒吧！

不過，你得抓住恰好的時機，因為這時開始有點冷。雖然這時期植物很多，但還沒有能讓死去樹木腐爛的有機體，二氧化碳無法送回大氣層。地球溫度有賴二氧化碳適當平衡，若二氧化碳太少，會降低大氣層的溫室效應，產生與全球暖化相反的情況：冰河期。[53]幸好下一次冰河期還有幾十萬年才會來臨。

這是我們首選的年代：有空氣可呼吸、有食物可吃、有樹木遮蔭，而且沒有蚊子。

三億年前：大氣中有豐富的含氧量（約三五%，今天則為二一%），但也孕育出非常巨大的昆蟲。[54]比方說，掠食性蜻蜓和海鷗一樣大，蜈蚣有八呎長（二．四公尺），蠍子三呎長（九十公分），還有巨大的蟑螂。

如果你不愛蟲子，這時間點相當不好。

兩億五千萬年前：這時間點真的很差。提早或延後五千萬年造訪都不錯。但這時間點有九六%的海洋生物與七〇%的動物，都在前所未見的大滅絕中死亡。地球還得花一千萬年，才能恢復生物多樣性。

科學家仍不確定這次大滅絕的原因。一種可能的解釋是，這時有許多巨大的火山爆發（熔岩稱為洪流玄武岩），地表上岩漿涵蓋的範圍足足有印度那麼大，釋放出的二氧化碳改變了大氣結構。

無論這次生物相繼死亡的原因為何，大滅絕對食物鏈頂端的衝擊總是最大，而你恰好就在這個位置。你沒有東西可吃，若火山理論正確，空氣可能不太對勁。

很遺憾，你會被巨大火山害死。

兩億一千五百萬年前：最早的恐龍出現了。接下來一億五千萬年，恐龍會在地球上漫遊。人類的運動神經不算好，因此這個年代十分危險。

雖然暴龍還要一億四千八百萬年才會演化出來，但不表示你能高枕無憂。這時有

53 那些沒有腐爛的樹，就是我們今天用來燃燒發電用的碳，因此過去未釋放的二氧化碳（導致冰河期出現），現在排放到大氣層，導致全球暖化。

54 昆蟲靠著皮膚（角質層）攝取氧氣，因此皮膚的表面積相對於體積的比例不能太小。但如果氧氣比較多，這個比例就可以小一點，遂出現和狗一樣大的蠍子。

稱為波斯特鱷屬（Postosuchus）的巨鱷四處出沒，很樂於吃掉你。另一種像大鬣狗的恐龍虛形龍（Coelophysis）也會把你當成獵物。

幸好，你要擔心的掠食者多半以地面上的動物當獵物。到處飛翔的翼龍與無齒翼龍對小型動物比較有興趣，因此如果你盡量待在樹上，可提高生存機會。

這時期已有植被與植物聚落，但和今天的風貌不太一樣。花朵還要幾百萬年後才會出現，周圍環境看起來仍有點可怕。

至於食物方面，你可以捕魚、用長矛獵殺小型動物，也可偷蛋來補充蛋白質，但要提防蛋的動物父母。

這時有植物可吃，但得先提醒，有些植物有毒。若不知道能不能吃，請一律先進行通用可食性測試。簡單來說，就是任何植物先吃一點就好，不要一次吃太多。若覺得不適，盡快催吐。

結論：如果你夠機警，謹慎嘗試當地食物，且在樹上蓋好堅固堡壘，那麼就有機會生存。

六千五百萬年前：避開墨西哥的猶加敦州，因為有巨大的太空岩石從天而降（被隕石砸死的詳情，請參考〈被隕石擊中會怎樣？〉）。其實，最好別在這時期造訪，即使你在地球遙遠的另一端，這隕石最後還是會奪去你的性命。

三百二十萬年前：這是露西（Lucy）的時代，亦即智慧人種最知名的祖先。我們如今知道，人類的祖先離開樹居，結果有好有壞。好處是，我們知道人類可在這環境下生存；壞處則是，早期的人類可能殺了你。露西比你矮，但是相當強壯。如果一比一對打時，你可能屈居劣勢。

更別提你還是在食物鏈的中層，因為劍齒虎之類的大型掠食者到處出沒。露西與她的家族能團結起來生活，但你或許沒有這個選項。

所以，對你的類人朋友好一點。他們的協助可能是你唯一的指望。

假設時光機不僅可讓時光倒流，還可讓時光快轉，你或許會想冒險進入遙遠的未來。無論你聽過什麼對於未來的預言，我們對於未來其實頗有概念。未來很不妙。不妨看看時光快轉的情況。

十億年後：太陽會慢慢變熱。為什麼？太陽已耗盡核心的氫燃料，核反應開始移轉至表面。這裡爆炸的壓力較低，因此太陽會擴張。雖然太陽表面溫度稍微低一點，但表面積擴大許多，因此會有更多的熱射向地球。

若以日為單位來觀察，就不太容易發現這個現象。但經年累月，十億年過後，差異就相當明顯。這時地球表面的平均溫度會是攝氏四十六度（目前為十六度），海洋會沸騰。

若在乾熱的情況下，你能在四十六度撐幾個小時。但因為地球的水分沸騰，因此會變得非常悶熱。

換言之，屆時地球將變成一個巨大的加溼器，你在裡頭只有僅僅幾分鐘可活。

超過五十億年後：太陽變得非常大，吞沒水星，因此日落景象非常壯觀。可惜的是，你只有幾秒鐘能觀看。

你現在若把手舉高，用小指尖即可遮住太陽。但是在三十億年後，你需要捧個西瓜，才可能把太陽遮住。五十億年後，太陽會遮住整個天空，這可不是好事。

七十五億年後：宇宙中最美麗的景象，大概就是行星狀星雲。這是即將死亡的恆星將氣體殼層往外拋，燃燒出極為壯麗的情景。

但就像煙火一樣，行星狀星雲只可遠觀。若你在太陽臨終時身處地球上，就太靠近了。

很美，但是致命。

陷入踩踏事故會怎樣？

美國科幻作家與生化學家以撒・艾西莫夫（Isaac Asimov，1920–1992）計算過，若人口持續急遽成長，幾千年內，地球就會變成一團擁擠的人肉球，以光速拓展到外太空。聽起來很刺激，但這個推論所指出的問題，卻可能在你下次聽搖滾音樂會的時候就出現：踩踏事故（human stampede）。

聽到「踩踏」（stampede）這個詞，你可能會聯想到人群亂竄，像牛羚在非洲莽原狂奔。事實上，人群踩踏的情況並非如此，也不是引發危險的原因。踩踏事件的危險並非發生在人群奔跑時，而是人群完全無法動彈的時候。

陷入踩踏事故（或稱為人群推擠更精確）中的人，情緒通常是狂熱，而非驚慌失措。人潮是往某個他們理想的目標移動，而非逃離他們不想要的事物。如果你卡在群眾裡，可能會面臨一些問題。第一個問題是什麼？缺少費洛蒙。

擁擠人群會發生危險，原因在於人類天生就不太善於成群移動，和螞蟻不同。螞蟻成群前進時，最前方的螞蟻會釋放費洛蒙，與後方的螞蟻溝通。如果路上有阻礙，費洛蒙就能告訴後方的螞蟻要改道。

但你沒有這種費洛蒙。如果有人絆倒，你無法和螞蟻一樣，叫後面的人群停下來。在龐大擁擠的群體中，若群眾無法溝通，便會引發嚴重的問題。什麼樣的人群可稱為龐大密集？說到規模，如果人數已多到可稱為人群，就足以奪去你性命——這一點留待後文討論。更重要的因素是密度。人群密度是以每十平方呎範圍中的人來衡量。十平方呎的面積（〇．九平方公尺），大概就是警方在命案被害者周圍，用粉筆畫出的身形輪廓那麼大。若把人群平均塞進每個粉筆輪廓，每個輪廓中的人數就是人群密度（在全體群眾平均分配）。

平均人數為兩人即可稱為群眾，但你可以輕鬆行走，不太會撞到人。如果人數加倍，就稱為密集人群，經常會碰撞摩擦，但仍可以移動。

每十平方呎有六人就開始有危險，你會一直碰到旁邊的人，幾乎動彈不得。

每十平方呎有七人，就像把二十一個人塞進普通大小的電梯。東京地鐵站在尖峰時間，人群密度就是這麼高。足以致命的擁擠人潮，通常屬於這個範圍。

在這密度之下，群眾移動就不再像人在行走，而像液體流動。源自後方人群的強大浪潮往前推擠，於是產生動能，而群眾中會有更多人被捲起——這浪潮可把你推得雙腳離地，帶往人潮前進的目的地。若你旁邊的人跌倒，就沒有任何人能支撐你，你也會跟著跌倒，並引發骨牌效應，讓一堆人疊在你上方。

你可能在宗教慶典、運動賽事或演唱會，碰上這樣的人潮。這時，從不經意的碰觸到互相推擠的轉折可能發生得很快。你會赫然發現自己無法舉起手臂、無法逃脫，只能任憑人群擺布。

跌倒當然很危險，但就算沒跌倒，也會陷入麻煩。即使你站著，反向人潮也可能通過人群襲來，把你固定某處，用兩股人群的力量擠壓你。在力量快速攀升之際，危險也急遽升高。

一般人通常能使出的最大推力約為五十磅（約二十二．六公斤）。若只有四、五個人推你（就像在擁擠的電梯），你只會覺得不舒服，還不至於危險。但在推擠的人潮中，大家通常不是以最大的力量推擠，每次一推大約只有五到十磅，但成千上萬的人一推，這力量可能對你的橫膈膜造成致命傷害。

你在呼吸時，需要讓胸部擴張幾公分。幸好你的橫膈膜很強韌。健康的人即使胸口有四百磅重（約一百八十一公斤），也可以呼吸兩天才會覺得疲憊。[55]但在推擠人潮中，橫膈膜可能無法承受。踩踏事故的調查者在事後發現，原本可承受好幾千磅壓力的鋼製圍欄也彎曲變形。

剛才說過，如果每十平方呎內有七個人，就可能致命，但這是整體人群的平均數字。在發生踩踏事故的現場（也就是你恐怕會丟掉小命的地方），每十平方呎可能至少有十個人。要讓這麼多人緊密集結起來，不可能沒有額外的力量。這就像要讓二十八個人擠進普通大小的電梯，絕不會只有最後幾個硬是想塞進電梯的人在推擠而已。你需要有幾千個人從後面推擠，或一輛推土機。

如果你陷入人群中兩股反向的人潮，或你一跌倒，導致六個以上的人也跟著像骨牌一樣，疊在你身上，那就像在擁擠電梯中，有個乘客開推土機往前推。你的橫膈膜會承受超過千磅的重量，你連呼吸一次都辦不到。

你也可以到水下三呎深（〇．九公尺），試著用管子呼吸，即可體驗胸口有上千磅重的感覺。但我們決定替你省點麻煩，直接告訴你這做不到。無論是在推擠的人潮或在水面下，若胸口承受了上千磅重量，你會在十五秒內昏厥。如果持續超過四分鐘，就會造成永久性的腦損傷，以及死亡。

艾西莫夫錯了。我們從踩踏事件中得知，如果一個人上方還有六人以上堆疊，那麼這個人不可能活下去，因此地球永遠沒有機會變成有成千上萬人那麼厚的球體，光速拓展到外太空。

人類永遠不可能堆疊得比「六」層還多。

55 一六九二年殖民時期的美國，賈爾斯．柯瑞（Giles Corey）遭控施行巫術，被四百磅（一百八十一公斤）重的石頭壓在胸口致死。他花了兩天才窒息，最後留下一句：「再多來點重量！」

跳進黑洞會怎樣？

天文物理學家奈爾・德葛拉斯・泰森（Neil deGrasse Tyson）認為，在外太空最了不起的死法是死在黑洞。死在太空的方式可不少（其實在太空有各式各樣死法。能不在外太空死掉，那才真是了不起），因此死在黑洞有幾點值得一談。

那麼，黑洞到底是什麼？簡單來說，黑洞是這樣形成的：

1. 黑洞最初是比太陽大十倍的恆星。
2. 過了一段時間後，恆星的燃料消耗殆盡。
3. 由於恆星中心已沒有核反應發生，無法再抵抗自身重力，於是外殼以光速的四分之一速度開始坍塌。
4. 如果你恰好看到恆星崩塌，最好拔腿就跑。其外殼撞到鋼鐵核心的震波，幾個小時後會反射回表面。一旦這情況發生，星球就會爆炸，那一瞬間發射出的能量，相當於一千億個恆星構成的銀河系所發出的能量。

5. 在爆炸後，恆星剩下的物質將會在自身的重力下崩塌，剩下的殘骸非常小（和舊金山差不多），但是質量非常大（比太陽大五倍以上）。其重力的拉力非常強，逃逸速度（escape velocity）比光速還快。這就是黑洞。

那麼，往黑洞跳會怎樣？

首先你要知道，你這一跳就回不來了。要退出黑洞，你必須穿越事件視界（event horizon，譯註：根據維基百科的解釋，事件視界是「一種時空的曲隔界線。視界中任何的事件皆無法對視界外的觀察者產生影響。在黑洞周圍的便是事件視界」。），也就是必須跑得比光速快，但這不可能發生的。

目前為止，速度最快的人造物是太陽神無人太空船（Helios），若在太陽周圍借助太陽重力助推加速，產生彈弓效應（slingshot），時速可達十五萬七千零七十八哩（超過二十五萬公里），但這僅是光速的〇．〇〇〇二倍。除非你可以找出方法，超越愛因斯坦所認為的速度極限，否則勢必將死在黑洞裡。

但你會如何死去，則端看你跳進哪一種黑洞。你的第一個選擇是小型的恆星質量黑洞。

接下來的情況是：你一踏出太空船，就會如自由落體墜落黑洞中。不過，這和一般的自由落體墜落可不同。一旦你接近這個恆星質量黑洞的事件視界，墜落的速度會略低於光速——每秒十八萬六千哩（三十萬公里）。

有趣的是，你不會有事。通常我們不建議在太空以光速旅行。不過，這不是因為速度或加速度有危險；問題在於會撞到東西。如果你跑這麼快，就算是微乎其微的小粒子也會引發嚴重後果，況且太空並非完全真空。太空充滿許多氫，當你的前進速度接近光速時，氫會變成能毀滅原子的子彈。一旦氫撞上你的身體，就會摧毀你身體每個原子的原子核，奪去你的性命。

多數黑洞周圍都是純真空，所以你撞到的氫應不足以害你喪命——只要確定別跳進周圍有氣體繞行的骯髒黑洞即可。

如果選擇正確，即可在接近光速的加速度下順利通過。但你越接近黑洞，就會開始覺得身體被拉長。這是因為重力大幅增加，你的頭部（假設你維持屈體姿勢）受到的拉力會比腿部大，把你的頭從腳趾拉離。

一開始，你會覺得這拉力挺舒服的，像整脊師輕輕拉扯一樣。但你很快就會感到不適，明白自己陷入麻煩。

你身體受到的「潮汐力」會把你撕碎，猶如綁在兩列往反方向前進的火車。[56]首先，你會從最薄弱的地方被撕開，也就是肚臍附近，這裡只有脊髓與柔軟的皮肉。由於你的下半身沒有重要器官，加上流血過多死亡需要一段時間，因此你這時仍然活著。不過，你越接近中心，潮汐力也會隨之增加，因此你會繼續被拉扯。這過程一再反覆，於是你的身體會持續碎裂，直到剩一顆頭往黑洞中心的奇點（singularity）快速前進，最後連頭也會七零八碎。

這拉碎的過程會發生得非常、非常快。必須有人把這過程拍攝下來，以慢動作播放，才能看得出到底發生什麼事。光從肉眼來看，你就是不見了而已。

不過，事情每況愈下。黑洞的重力不僅會拉走你的身體，還會扭曲你的身體，猶如以最極致的馬甲擠壓你。最後，重力會比你身體的化學鍵還強，不僅把你的身體分解成碎片，就連你的分子也不放過——把它們拖成長長一列，讓你變成原子列，快速朝著奇點前去。

黑洞不讓任何光逃逸，因此我們無法得知這假想的奇點究竟是什麼模樣，或你在裡頭的模樣。不過，無論你身在黑洞的何處、呈現何種型態，我們都知道那不是你最後的葬身之處。黑洞會慢慢發射出霍金輻射（Hawking radiation），直到黑洞完全蒸散。因此在數百億年之後的某個時間點，你的遺骸會以幾個輻射出的光子型態，重新出現在事件視界之外。[57]

但是，讓我們回過頭談談。假設你改變心意，沒有跳進小型黑洞，而是跳進超大質量黑洞。很遺憾，你當然還是會死，不過比較有趣一點點。

超大黑洞的引力增加得比較慢，所以你可以活到事件視界之後，但接著會發生什

56 在中世紀，這就叫做五馬分屍，用馬來取代火車。但馬匹的力量沒有黑洞大，因此有時無法把人撕碎，這時就需要劊子手的斧頭幫忙。

57 這情況頗為複雜。之前提過，除非你的速度比光速還快，否則無法逃脫黑洞。確實如此。多虧愛因斯坦，我們現在知道，沒有任何有質量的東西會比光速還快。這出現矛盾的情況。你怎麼能以輻射的型態逃出黑洞？答案是：就像你從隨身碟拿一個檔案一樣。隨身碟中的電子是儲存在能量井中；電子透過量子力學的「穿隧」（tunneling）過程進出能量井，從井裡消失，又出現在外頭，卻不穿過中間的空間。同樣地，粒子也可以從黑洞裡面消失，並重新出現在外面，不穿過事件視界。壞消息是，如果你跳進黑洞，你的原子會被扯碎。好消息呢？你就學會瞬間移動了。

麼事則是巨大的謎團。由於光無法從黑洞中逃出，因此裡面究竟發生什麼事，我們永遠不得而知。我們無法看到黑洞內部，因為光不會反彈回來，而任何穿過事件視界的探測器也會消失，無法送出任何訊號。

不過，我們可以用猜的。你的死法應該大同小異——被黑洞中心奇點的潮汐力拉得又細又長，但因為你在事件視界內還活著，你最後的時刻會有點不一樣。你可以看到朋友們在太空船上，不過視野不太完美。觸目所及的所有景象都是扭曲的，因為不僅你被彎曲擠壓進黑洞，就連光也是。所以望向銀河時，就像從舷窗探看外頭的星星，或從水面下仰望世界——恆星與行星會擠在你隧道般的視野中。

接下來，你會拉長成義大利麵的形狀，並壓縮成比原子還小的粒子，然後你就死了。

搭上鐵達尼號，卻沒搭上救生艇會怎樣？

假設你在一九一二年，有幸登上英國皇家郵輪鐵達尼號（RMS Titanic），成為參加處女航的兩千兩百二十八人之一。你高高興興支付相當於今天幣值三百美元的價錢，買了三等艙船票，幸運待在歐洲菁英下方的兩層樓，前往美國。

你大概聽說過，這趟旅行的結局相當悲慘。

這艘船撞上冰山時，乘客大概只有兩個多小時的時間尋找救生艇，且救生艇數量遠遠不夠。在三等艙，女性生還者不到一半，能活生生離開的男性更只有一六％。[58] 三等艙的乘客或許根本沒有機會登上救生艇，而是直接落入北大西洋。接下來會如何？

58 這趟旅程的頭等艙票價雖然昂貴（相當於今日幣值的兩千美元），但相當划算：九七％的女性與三二％的男性存活。

大海的鹽分會讓海水溫度低於冰點。鐵達尼號沉沒時的北大西洋，海水為攝氏零下二度，而由於水的密度高，很容易讓你的體溫下降，你這時簡直是置身於全世界最危險的游泳場所。你不斷摩擦到的分子，密度比你幾分鐘前在鐵達尼號甲板要高出八百倍，這表示你在攝氏零下二度的水中，降溫速度比在零下二度的空氣快二十五倍。

你落水後，快速降溫的第一個反應是倒抽一口氣。如果你的頭在水面下，水就會進入你的肺部。無論水溫為何，這情況都十分危險，因此你的首要之務是讓頭浮在水面上（如果可以的話，盡量讓頭一直保持在水面上）。

你的第二個感覺，除了寒冷之外應該是頭痛。你小時候或許曾因為頭痛，而學到一點教訓。你第一次喝冰奶昔時，可能喝得太快，差點凍壞腦袋——至少大腦是這樣感覺。其實你的行為是讓口腔頂部的一條神經凍僵。這時大腦就會有反應，或說過度反應。大腦認為你整個頭都凍壞了，於是要求更多溫暖的血液繞來腦部，導致腦部腫脹，產生大小不合的問題：腦袋太大，但是頭顱不夠大，結果吃冰的東西就覺得頭痛。

同樣的情況，也發生在你剛碰到水的時候（雖然這時大腦認為要凍壞了並非錯判，而是確實要凍壞了）。你的腦會因為溫暖的血液湧上而腫脹，導致頭痛欲裂。接下來的三十秒，你會在水中產生冷休克反應，開始換氣過度。

過度換氣太久，會導致血液排出太多二氧化碳，降低血液的酸度。如果血液的酸度太低，你就會昏迷。游泳時失去意識可不是件好事。

如果你能保持清醒夠久，接下來你就會肌肉抽筋，稱為發抖。發抖是身體設法靠著肌肉活動，讓自己暖和起來。基本上，就算你不做開合跳來暖身，身體也會幫你做。可惜，發抖讓肌肉無法好好協調運動。如果你是在家裡等著暖氣送來也就罷了，但因為你是在冰冷的水中，需要肌肉幫你擺脫困境，如果肌肉不受控制地抖動，就很難脫困。

驚嚇與發抖都屬於過度反應，是你身體戰逃反應的過度發揮。戰逃反應原本是在演化出來幫助你生存的功能，可透過訓練來克制。不過，即使你訓練身體要克制過度反應，有些生理變化仍無法避免。

首先，動脈會大幅收縮，導致心臟過度工作，迫使血液通過動脈。同時，大腦會重新評估優先順序，將溫暖的血液從四肢導入重要器官。

你的手腳會發麻，畢竟肌肉與神經纖維的化學作用，在正常體溫時才運作得最好。隨著神經變冷，你的肌肉會沒力，肢體則失去感覺。基本上，你的腳趾會凍僵，因為大腦已經棄它們於不顧。

手腳的麻木感節節攀升，因此在零下的溫度超過十五分鐘之後，你的整條手臂與腿都失去感覺。這實在不利於游泳。許多人會在冷水中死亡，嚴格來說並非死於失溫，而是溺斃。這情況如果沒有救生衣，就會發生溺斃的情況。

好消息是，如果你會漂浮，那麼存活的時間出乎意料地長，即使在冰冷的水中也是。

這不只是因為你的皮肉是很好的絕緣體，更因為你很容易發熱。你現在就是靠自己發熱，讓核心體溫維持在攝氏三十七度。一旦你碰到冰水，這個數字便開始下降，但下降速度比你想像得慢。經過三十到六十分鐘之後（取決於你的隔熱程度），體溫才會降到三十二度以下，這時你才會陷入昏迷。昏迷就不能游泳，但假設你會漂浮，頭又位於水面上，就能生還。

落水三十分鐘之後，你會進入比一般失溫更嚴重的情況。待得越久，情況就越危險。經過四十五到九十分鐘之後，體溫會降到二十五度，這時你會心搏停止，通常這表示你可能死亡。但在這情況下，你還是有機會。心臟就像汽車壞掉的電池——還是可以啟動。你得擔心的是大腦——一旦大腦沒有任何電子訊號，就永遠死了。但出於某些尚不明朗的原因，大腦在寒冷時，不需要那麼多氧氣。

病患在接受風險高的心臟手術時，醫生會做一項安全措施：先讓病患體溫下降，如果出了問題，導致病人腦部得不到氧氣，那麼低體溫可讓醫生有多一點緩衝時間來解決問題。體溫低的時候，腦部可在沒有空氣的情況下撐二十分鐘，之後才會開始死去。但是在一般情況下，你只有四分鐘。

凍死後又起死回生的紀錄保持人，是瑞典的安娜・貝珍霍姆（Anna Bagenholm）。她曾在滑雪時掉進薄冰受困。安娜雖然找到氣穴，但在水中四十分鐘後心搏停止。她又過了四十分鐘才獲救，這時體溫已降到十三・八度。雖然如此，經過九小時的復甦術後，她活了下來，日後也完全康復。

所以，寒冷最初能奪命，最後卻也救你一命。正因如此，醫生會說，在你於溫暖的環境死亡之前，都不算真正死亡。

這本書怎麼殺人？

你坐著讀這本書時，可能不認為手上捧著致命武器，心想這輩子還沒見過比這書還安全的東西。但你就錯了。如果適當運用這本書的動能（kinetic energy）、化學能或核能，這本書可能摧毀你、書店或整座城市。如何把這本書變成可怕的致命器具？得先從《然後你就死了》這本書的動能談起。

這本書若掉到地上，並不會奪去人命。即使你在帝國大廈的樓頂閱讀時讓書掉下來，也無法累積足夠的速度，造成傷害。[59]這終端速度只有每小時二十五哩（四十公

---

59 不是所有的書本都這樣。《牛津英語詞典》第二版（*Oxford English Dictionary*）重達一百七十二磅（七十八公斤），如果從帝國大廈往下丟，終端速度會達到每小時一百九十哩（三百零六公里），足以砸破頭顱與打斷脖子。

里），比你用扔的還慢。你想用丟的？放心，就算用丟的也沒用，時速五十哩的書本會許會傷人，但不足以致命。

但如果從書本大砲中發射呢？

若時速一百哩（一百六十公里）的話，這本書大約和棒球砸到你的力量差不多，會讓你覺得痛，但不至於要你的命（雖然時速百哩的棒球曾砸死過人）。因此我們把速度往上增加一點。

這本書若以音速打到你，則會砸穿你的皮膚，把你推倒。如果書是砸到你的胳臂或腿，你或許能生存，但如果砸到你的胸口，那麼震波會擾亂你的心跳，致你於死。

如果把這本書的速度加速到十馬赫，打到你的能量會是時速百哩的五千倍。這本書會壓縮並加熱前方的空氣，變成攝氏一千六百四十九度的火球朝你飛來。不幸的是，這本書不會完全燃燒。如果這本書是靜置的話（當然夠熱），就會完全燃燒。但因為這本書並非靜置，而是以音速的十倍朝你飛來，因此沒有時間燃燒完畢，而是會變成一千六百四十九度的紙砲彈，卡在你胸膛。

但假設以更快的速度來發射。目前人類打造過的物體中，移動速度最快可達兩百馬赫。要讓這本書飛這麼快，你需要建造巨大的馬鈴薯砲（potato cannon，用管子當砲身，以空氣壓力或易燃氣體發射馬鈴薯等物體。），並以核彈取代髮膠噴霧來發射。[60]若依照這速度，這本書會變成時速超過十五萬哩（約二十四萬公里）的電漿球朝你飛來。這速度從紐約到舊金山只要一分十二秒。如果書這樣砸到你，你就會炸得四分五裂，變成一大堆人體與書頁混合的碎片。

以上情況利用的是這本書的動能。但如果要讓這本書發揮更大的傷害力，則該好好利用它的化學性質。

用火柴燒這本書，只會讓你的手稍微溫暖一點。但這不是利用這本書化學性質的最佳解。最好的辦法，是仿效科學家在測試巧克力熱量的作法：炸掉它。

科學家在測試食物的熱量時，是先將食物脫水、磨碎，放入充滿純氧的鋼造容器，再把它點燃。爆炸威力（以巧克力棒來說，相當於一根柱狀炸藥）即可衡量食物

---

60 雖然一般的馬鈴薯砲是以燃燒的髮膠噴霧當動力，但人類打造過的最大馬鈴薯砲又稱為伯納利歐（Bernalillo）地下核子測試，是一九五七年，美軍在新墨西哥州的洛斯阿拉莫斯國家實驗室（Los Alamos）所進行。美軍在地下發射小小的核子彈，並用巨大人孔蓋掩蓋住通往炸彈的豎井。有一個高速相機瞄準人孔蓋，每秒拍攝一百六十張照片。不過，這相機只拍攝到一張人孔蓋，之後人孔蓋就消失在景框中。這表示核彈至少以每秒四十一哩（約六十六公里）的速度移動。

的熱量。

如果你和白蟻一樣，能消化書的纖維，那麼這本書含有一千六百大卡[61]，幾乎可滿足你一天需求。把這本書磨碎，放進裝滿純氧的鋼容器，並點燃容器，這本書的能量相當於五根炸藥。[62]要是這在你閱讀時發生，你當然就沒命了。但是，我們還沒談到如何讓這本書發揮最大的爆炸威力呢。

如果你希望爆炸威力更大，就必須釋放這本書的核能。

所有質量都有能量：這本書、你的馬克杯、你正在坐的椅子，一切有質量的東西都不例外。把質量轉換成熱量時，便能很快得到龐大的數字。在長崎爆炸的原子彈，是從僅僅一克的質量轉換而來（相當於本書的半頁）。但訣竅在於，如何讓這轉變發生。幸好這過程並不容易。長崎原子彈採用了鈽，然而鈽很不穩定，很容易轉換成能量。但我們這本書就穩定多了。

要把這本書的質量轉換成能量雖難，但也不無可能。最好的辦法就是做出這本書的反物質（antimatter），並將反物質與這本書結合。[63]之後速速後退。快點！

如果釋放這本書的核能，將成為美國有史以來引爆過威力最大的氫彈。你會非常燙，每個原子分解了，原子裡的電子會被扯開，你會成為離子化的電漿，飄散在空氣中。

不過，創造出這種反物質目前超出人類的能力範圍——人類製作的反物質中，頂多是十七奈克（一奈克為十億分之一克）的反質子，而且花了好幾年的時間。怎麼製作會爆炸的書，就讓後代子孫去傷腦筋吧。但想把這本書變成致命武器，還有比較實際的作法——例如翻頁太快。

紙張割出的傷口就可能奪命。這情況確實曾發生過。二〇〇八年，一名英國工程師的手臂被紙張劃出一道四分之一吋（約半公分）深的傷口，之後他就前往法國旅行。後來，他出現類似感冒的症狀，變得虛弱疲憊，並出現譫妄的情況。六天後，他死於壞死性筋膜炎（necrotizing fasciitis）。這是一種罕見卻難纏的疾病，即使是最小的傷口也會感染。

---

61 食物的一大卡，能量相當於一千熱力學卡路里。本章是以食物的大卡為單位。

62 順帶一提，這樣做是違法的。製作含有超過三公克火藥粉的煙火都是違法。這表示，你最多能合法磨碎並點燃本書的粉量，就是這一頁。

63 什麼是反物質？說來話長，但簡單來說，就是物質的每個原子都有反物質這種「邪惡的孿生手足」。依照愛因斯坦提出的 $E=mc^2$ 公式，每當一個粒子碰到反粒子時，兩者都會消失，並轉換成能量。

真是慮病症（hypochondriasis）患者的最大惡夢。

你在讀這一頁的時候，皮膚上可能就有壞死性筋膜炎的細菌存在。如果翻頁太快，讓書頁割傷手指，這原本沒什麼大不了的細菌就可能趁虛而入。

壞死性筋膜炎之所以威力很大，是因為它發生於死去的組織裡，抗生素或白血球都無法抵達。而等到細菌生長，就會吐出外毒素，殺死你的細胞，免疫系統根本來不及開始防禦。如果沒能早期介入，會從身體疼痛演變成嚴重的敗血症。

敗血症是你的身體在殺害自身，企圖阻止入侵者。你的身體會把大量血液重新導向，導致心臟無法把任何血液送到你腦中。一開始，你會覺得暈眩與意識模糊，因為大腦在故障邊緣掙扎。若血壓持續下降，就會導致多重器官衰竭，最嚴重的就是心臟。一旦心臟衰竭，腦部得不到氧氣，你就會在幾分鐘內死亡。

在沒有醫療照護的情況下，壞死性筋膜炎的死亡率是百分之百。即使早期介入，也有七〇%的死亡率，比伊波拉病毒還嚴重。

翻到下一頁時請小心。

老化死亡是什麼情況？

你在出生的那一刻，死亡機率就大幅飆升。你誕生在世上的第一天最危險（看來你已度過這天，恭喜囉！），即使你足月出生，沒有任何先天異常，仍有千分之零點零四的死亡機率，和九十二歲老人的死亡機率一樣。隨著你逐漸長大，免疫系統也隨之強化，死亡率逐日下降。

你二十五歲時應該好好慶祝，原因不光是你終於可以租車，更因為這天是你健康狀態的巔峰。你已克服孩童容易生病的問題，展開成年生活。不過，從現在開始要走下坡了。

你每天變得更老一些，死亡率也以可預測的速度增加。

一八二五年，班傑明．岡珀茨（Benjamin Gompertz，1779–1865，英國數學家與精算師）在自己開設的保險公司當精算師。他提出死亡率定律：二十五歲之後，每經過八年，死亡率就會加倍。他發現人類就和果蠅、老鼠與多數複雜的生物有機體一樣，死亡率會呈指數速度攀升。

但我們不明白為什麼死亡如此可預測，或為什麼人類會老化。關於這一點有許多理論，但沒有任何證據。其中一個可能的答案，稱為可靠度理論（reliability theory）。根據可靠度理論，你出生的時候，主要構成部分充滿錯誤與缺失。抱歉，這不是針對你個人，你認識每個人都這樣。結果發現，人類出生時就像法國老爺車，零件統統有瑕疵。不僅如此，運作中的零件也經常故障。

幸好你和雷諾女王儲車款（Renault Dauphine）[64]不一樣，你有很多重複的備用品。細胞很微小，你的身上共塞了約三十七兆個細胞。大自然和雷諾車廠不同，知道自己有很多不可靠的零件，因此不惜成本，只顧多製造備用零件。但隨著時光流逝，故障的備用細胞越來越多，你也不斷「老化」，直到用光所有備用零件，這時你就陽壽已盡。[65]

當然，有些方式可以加快或減緩這個過程。

當你二十五歲時，你大約還有一百萬個半小時左右可活。因此，你過了二十五歲生日之後，每個半小時都可以視為一個微生命（microlife）。以此當作基準，劍橋大學統計學家大衛・斯賓格特（David Spiegelhalter）與亞利山卓・雷瓦（Alejandro Leiva）提出一種方式，計算不同生活型態的成本與效益。[66]比方說，抽兩根香菸會消耗你一個微生命，也就是你的預期壽命會因為抽這兩根菸減少半小時。抽兩根菸以上？會再耗費你另一個微生命。體重超重十磅（四・五公斤）？每天會耗掉你一個微生命。每天喝超過一杯含酒精飲料，則每杯會多耗費你一個微生命。在空氣污染嚴重的墨西哥市生活與呼吸，每天會耗掉一個半微生命。

真是壞消息。但好消息是，你也可以用良好的行為，增加帳戶裡的微生命。運動二十分鐘？增加兩個微生命。吃蔬菜水果？每天增加四個微生命。喝兩、三杯咖啡，

64《大路與小徑》（*Road & Track*）汽車雜誌說，如果你靠這款車夠近，就能聽見這輛車在生鏽的聲音。

65 聽力的運作方式即可用可靠度理論解釋。在你的耳中有許多小小的毛細胞感測震動，也有許多備用毛髮。大聲的音樂會摧毀毛細胞，這在你年輕時還不成問題，但隨著你年紀增長，毛細胞也會自然死亡，而由於你的備用毛細胞已被搖滾樂摧毀殆盡，因此聽力也會跟著喪失。

66 微生命就和微亡率（micromort）類似，是研究者羅納德・霍華（Ronald Howard）所提出（詳情參見〈用巨型手槍來玩俄羅斯輪盤會怎樣？〉）。微機率（microprobability）是發生某件事情的百萬分之一機率。

再增加一個微生命。而隨著醫療進步，你每天只要活著，就能增加十二個微生命。

總有一天，你的備用細胞會用盡，微生命帳戶也會歸零。這可以解釋，為什麼諷刺報刊《洋蔥報》（*The Onion*）進行的最新研究說，世界的死亡率穩定維持於百分之百。

困在以下環境會怎樣？

幽閉恐懼症的患者非常害怕窒息或受到侷限，這是世上最常見的恐懼症之一。研究顯示，世界上至少有五％的人患有嚴重幽閉恐懼症，但他們幾乎都是杞人憂天。這純粹是身體過度的戰逃反應，通常弊大於利。

不過，如果你發現自己卡在某些地方，那確實該擔心。即使是幽閉恐懼症最嚴重的人，大腦也低估某些情況所隱藏的危機。以下列出幾個地方，說明你受困其中時會發生的情況。

飛機輪艙

自從一九四七年以來，共有一百零五人躲在飛機的輪艙，企圖偷渡，每一案例都可說是不智之舉。如果你還在猶豫要不要買機位，我們把躲在輪艙的優缺點羅列如下。

優點：

1. 便宜。
2. 你可以不用吃安眠藥。待飛機抵達巡航高度，你就會缺氧昏厥，接下來的飛行時間都不會有意識。
3. 以某些航空公司的情況來說，你的伸腳空間說不定比在客艙裡大。

優點大抵是如此。

缺點：

1. 從機率來看，你的生存機會不高。這一百零五個選擇躲在輪艙飛行的人當中，只有約四分之一的人存活，其中多為孩童（小朋友質量較小，冷卻較快。為什麼這是優勢，留待後文說明）或短程飛行，不需要飛到很高的高度（我們建議搭巴士比較好）。
2. 太冷。在三萬五千呎的高空，室外為零下五十四度。輪艙關閉時，你或許稍微可以和冷空氣隔離，不會冷到沒命，但如果失去一、兩個指頭也不必太意外。

3. 暴露於外的問題。輪艙裡沒有安全帶，而準備落地、輪艙門打開時，你還在幾千呎的高度。你不會是第一個掉下來的東西。我們會建議你抓好，但因為氧氣不足，你根本沒有意識。

4. 缺氧。這是真正的致命因素。在三萬五千呎高空，空氣非常稀薄，氧氣只有你平日呼吸的二五%。在氧氣只剩五〇%時，人體就會覺得暈眩，除非你已習慣，否則會突然昏厥，幾分鐘後就死亡。如果能保持在接近凍死邊緣，生存機率最高。人體在寒冷的時候，大腦需要的氧氣比較少，所以穿短褲和T恤確實比穿夾克好。你可能因為凍傷少了幾根手指和腳趾，但只要不掉下來，少一、兩根指頭也就罷了。

結論：這趟旅行不會要你少了條胳臂或腿，只會少了手腳的一些部分——前提是你走運。

加油站（或只靠著垃圾食物過活會怎樣？）

光吃加油站的熱狗活下去，算是很了不起。那麼，你能靠這樣的飲食撐多久？

雖然垃圾食物缺點多多，卻可以保存很久。洋芋片保存期限很長，而奶油夾心蛋糕究竟會不會壞，更是不得而知，因此你不會餓肚子。只不過，你經年累月吃垃圾食物與喝汽水，可能罹患糖尿病。然而，有個更迫在眉睫的問題：垃圾食物幾乎不含維生素與礦物質，雖然是不錯的零嘴，卻不是好的膳食。

如果加油站裡有新鮮水果，恐怕幾天內就會過期。沒有水果的話，你幾乎攝取不到維生素C，這是缺乏維生素時最嚴重的情況。

十六世紀初期，由於大型船隻與更精準的地圖出現，人們得已展開遠洋航行。問題是，食物保存技術還沒跟上，這表示船上沒有新鮮的食物，也沒有維生素C，很難避免罹患壞血病。

麥哲倫在穿越太平洋時，八〇%的水手死於壞血病。即使到了一七四〇年，英國探險家喬治・安遜（George Anson）帶領水手進行十個月的航行時，也有一千三百名手下死於壞血病。[67]

你開始只吃加油站的垃圾食物一個月之後，就會出現壞血病的初期徵兆（牙齦出血、疲憊、皮膚長斑點）。再過一個月，你就會因無法修護微血管而流血而死。

結論：若被關在加油站，最好期盼這裡有綜合維生素的存貨。

電梯

搭電梯搭得最久的世界紀錄，應該是尼可拉斯・懷特（Nicholas White）創下的。他在一九九九年十月某晚加班時，搭電梯去抽根菸，但直到四十一小時之後才出電梯。電梯技工顯然沒有檢查電梯有沒有人，就關閉了電梯電源。懷特在這小小的箱子裡度過非常無聊的週末，幸好有人發現，救他出來。據說他出來時，只表示需要來點啤酒。

懷特沒被卡得更久算是幸運，因為關在電梯裡可能會出人命。二〇一六年，北京一處忙碌的公寓大樓中，有一台電梯在十樓與十一樓之間故障。電梯技工沒檢查電梯內是否有人，就把電源切斷。直到一個月後，人們才發現一名女子陳屍電梯裡。

困在電梯內的最大危機，在於缺水。電梯通風不錯，不會有缺氧的問題，卻無水可喝。人即使只坐在原地流汗與呼吸，一天就可能失去兩杯水的水分，何況還有小便。

---

67 英國皇家海軍率先發現了維生素C與壞血病之間的關聯，因此要水手在航行時吃萊姆（lime）。這讓英國海軍大幅提升軍事優勢，也獲得「Limey」的別稱。

尿有九五%為水分。受困電梯幾天之後，在極度飢渴時，尿液似乎是格外清新的飲料。不過，人體會設法排出尿液中不屬於水分的五%，自然有它的道理。尿液中的鉀含量高，喝太多會造成腎衰竭。尿裡面也含有不少鈉，不適合用來補充水分。[68] 美軍的求生手冊就建議軍人不要喝尿。

你在流汗、排尿與呼氣的過程中，會流失越來越多水分，血液也越漸濃稠，汩汩躺過你的心臟，致使心臟停止跳動；同時，濃度太高的血液也將毒害你的腎臟。

結論：如果你受困在電梯，要經過兩週才會腎衰竭——受困時別喝尿。

冷凍間

現代冷凍間依照規定，必須能從裡面打開，因此你不可能被反鎖在內。但如果你只穿短褲和T恤，受困於舊式冷凍間呢？

在零下二十三度的肉品冷凍間，你的身體會把血液導向核心，確保維生器官溫暖，因此你的肢體會格外寒冷。這會使你凍傷，而在肉品冷凍間裡，凍傷會在三十分鐘內發生。如果你能活著，手指會發黑壞死，需要截肢。所幸你在截肢之前就先死了，根本不用操心。

在肉品冷凍間，你的體溫每三十分鐘就會下降攝氏〇．五六度。六小時後，你的體溫會降到三十度，細胞就失去功能。不幸的是，你是由一堆細胞構成的。

結論：你只有六小時的時間，否則就要加入肉品的行列。根據美國食品藥品監督管理局（FDA）對類似肉品（小牛肉）的規定，你的保鮮期是四到六個月，之後就要扔了。

流沙

好萊塢電影喜歡誇大五花八門的風險。在好萊塢世界裡，有十二公尺的鯊魚、殺人電腦、外星寄生蟲，但最誇張的，莫過於會害人慘死的流沙。相較於排行榜上的其他事物，流沙被渲染得尤為荒誕。

雖然你可能在電影中看過人類陷入流沙的情況，但從來沒有人類死於流沙的確認案例，一個都沒有。有些人可能卡在近岸浪點[69]附近的泥灘中，在浪潮來臨時滅頂，

68 如果你有汽水就**應該**喝。雖然汽水也有鹽，補充水分效果不如開水，但仍利多於弊。

69 Shore break，又稱岸邊浪，是高低落差大的岸邊地形，特別容易產生瘋狗浪。

就這樣而已。

流沙缺乏致命危險的原因在於，你會浮在上面。流沙的密度為水的兩倍，而你會浮在水上，更何況是沙。如果踏進流沙，只會下沉到肚臍的高度，之後就會呈現中性浮力的懸浮狀態。唯一會陷入麻煩的情況是，你頭下腳上地栽入流沙。如果能避免這情況，你就不會有事。

結論：對，你在想像中可能死於流沙，但如果真的發生，你將成為史上第一人。

讓禿鷹養大會怎樣？

冰島發酵鯊魚肉（Hákarl）是冰島的美食與「國菜」。吃遍四方的名廚安東尼·波登（Anthony Bourdain）說：「這是我曾放進嘴裡的東西中，最恐怖、味道最噁心的一種。」因為要製作這道料理，必須讓鯊魚肉腐敗六個月，目的不是為了增加滋味，而是因為格陵蘭的鯊魚肉有毒。如果吃下新鮮鯊魚肉，就會中毒，症狀像爛醉如泥。腐爛是處理這種魚肉的唯一方式，如此不免使魚肉散發出阿摩尼亞的臭味。顯然，這道菜得花點時間練習吃，才能學會品嘗箇中滋味。

冰島發酵鯊魚肉是少數腐爛後比鮮食安全的食物，和多數食物背道而馳。動物在草原上死亡後，就失去抵抗感染的能力。這對死去的動物來說顯然不痛不癢，反正它已結束戰鬥；不過對於想吃死屍的動物而言，可茲事體大。感染會產生討厭的毒素。動物的死亡時間越短，毒素就越少。

最極致的過期食物食客，就是紅頭美洲鷲（turkey vulture，又名「火雞禿鷹」）。雖然紅頭美洲鷲很不討喜，但假設你是個被拋棄在遼闊草原的棄嬰，一群禿鷹收養了你。

食物絕對是一大問題。你可能聽說玩沙有助於強化免疫系統，紅頭美洲鷲是極端的例子。牠們吃腐肉，從不洗爪子，練就出超強的免疫系統。正因如此，牠們的感恩節大餐和你想的很不同。

你加入收養家庭時，會先注意到餐桌上有蛆。

蛆是從蒼蠅卵孵出，孵化後便會與你爭食腐肉。好消息是，蛆也是蛋白質來源，而且牠們是活的，比吃腐敗食物安全，請自行享用。蛆也愛吃腐肉，這表示牠們吃剩的東西會比較新鮮。因此，若看見牠們較偏好某塊腐肉，而不是另一塊，你就捏著鼻子，和蛆一起用餐吧。[70]

接下來要提到的第二個問題是：臭味。

人類覺得腐敗食物聞起來很臭，其來有自。人類經過天擇，會認為這氣味很噁心。我們可以偵測到有機體死亡之後所產生的兩種化學物質：腐胺（putrescine）與屍胺（cadavarine），即使微量也能聞得到。這是好事，這適應過程讓人類的祖先得以存活下來。但很神奇的是，你可以適應這臭味。

如果你是禿鷹養大的，或許會喜歡腐肉的氣味。處理臭鼬的工人會對臭鼬的氣味上癮，東南亞的榴槤聞起來就像未經處理的廢水，但常吃的人卻愛得不得了。氣味在味道上扮演重要角色。雖然適應過程會很辛苦，但你遲早會愛上新的腐肉飲食。不幸的是，你恐怕來日無多，因為你的胃腸與免疫系統沒辦法和鼻子一樣，調整得那麼快。

如果你食用放置很久的動物死屍，也會接觸到所有正在啃噬這動物的病原體。你或許可以先觀察看看，這肉是否會害死你的禿鷹同伴，但這並不可靠。禿鷹的適應能力強，吃腐肉沒什麼問題，但你吃了卻會喪命。比方說，禿鷹的胃酸比你的強一百倍，酸鹼值（pH）介於〇到一，比電池酸液還酸，可腐蝕金屬。不僅如此，牠們的免疫系統是有脊椎動物中最強的，可抵抗危及人類性命的霍亂、沙門桿菌，甚至連炭疽病也不怕。如果你和你的禿鷹家人享用的食物感染了這些病原體，你的家人不會有事，但你會小命不保。

70　蛆的名聲不好。醫療上有時會用牠們來清理傷口，因為牠們只吃腐肉，留下還活著的東西。

不過，如果你被禿鷹養大，至少會學到一個好習慣：禿鷹尿很酸，可以消毒一切。所以在享用了豐盛的腐肉大餐之後，你或許可以學學禿鷹，撒泡尿把自己清洗乾淨。

當成火山的祭品會怎樣？

將處女獻祭給火山，其實是好萊塢捏造的。有些文化被指控以處女獻祭火山，問題是：那些文化根本沒什麼火山可獻祭。就算有，要人辛辛苦苦爬一大段路上山，只為了將某個人扔進火山裡，想來並不可行。

不過，假設你是例外。假設你被丟進火山，你的第一個問題是：會沉下去還是浮上來？

這看起來像技術性問題，卻和你有關。當然這不表示和你能否生存有關；很遺憾，你必死無疑，只是會改變你的確切死法。

岩漿是熔化的岩石，密度比水高二到三倍，因結構不同而異。由於密度很高，因此如果你遇到一條熔岩之河，可以涉流而過（如果不考慮熱的問題）。因此，沒錯，你會浮起來，至少一開始會。

但這又牽涉到另一個問題。當你從高處跳下時，沉到液體中其實是好事。

如果把你從中等大小的火山邊緣扔下去，你只會沉入岩漿幾吋。熱是你最不需要擔心的事。這就像從五層樓跳下去，瞄準了下方的沙坑，卻奢望能活下來。結果呢？當然休想活命。

因此，你要獻祭的火山最好不太高。這樣能多給你一點時間。當然，這也是先不考慮熱的問題。

岩漿的溫度非常燙，介於攝氏七百零四到一千兩百零四度，因此你根本不會煮熟或燙傷，而是閃速沸騰，表示你的水分會變成蒸氣。既然人體主要是以水構成的，因此這情況很不妙。一旦水分變成蒸氣，你就會化為一團冒泡的東西，而這堆泡泡會在岩漿中攪動燒炙，使岩漿變成噴泉。這岩漿噴泉會噴得非常高，達到五、六呎（約一百五十到一百八十公分），能把你覆蓋起來。

最後，你會落到岩漿表面以下，但技術上來說，這並非因為你在下沉，而是因為你被活埋。

一直賴床會怎樣？

若你是中年人，每天起床後就會面臨百萬分之一的死亡機率。若開車上班、清理屋簷溝槽、走過街道上的格柵，都會再略微增加每天的死亡風險。光是這些危險，或許就足以讓你想待在被窩裡，不要下床。

但如果你有此打算，請三思。若賴在床上不起來，反而使死亡機率飆升。身體缺乏活動，對健康有害無益。在美國，缺乏活動而死亡的人數比吸菸還多。根據劍橋大學教授斯賓格特的研究，坐著不動看電影，每部片就會減少你的預期壽命半小時。如果你每天都整天坐著看電視，你的壽命會比其他人減少二五％。

但如果你因為日常生活的風險嚇得不敢動彈，決定躺在床上不起來，你的壽命會更短。

不下床非常危險，身體受到的影響和零重力差不多。航太總署要太空人待在國際太空站一年，部分原因就是要研究前往火星的旅程會碰到的情況（單程需要七個月的時間）。

若在床上七個月，就像準備前往火星的太空人一樣，會面臨幾個問題。

若你二十四小時沒有活動，肌肉會開始萎縮，首先從小腿肚與股四頭肌開始，這些部位習慣每天運動。不運動不僅導致肌肉萎縮，連骨頭也會退化。[71]

當你的生活型態變成橫躺時，體液會發生異常轉變。細胞周圍流動的液體仰賴重力往下拉，但如果你平躺太久，這些細胞外液會往上爬到你臉上，壓迫視神經，並擾亂你的平衡感與嗅覺。[72]

你的血液也習慣了地球重力與運動。美國航太總署在火星任務的研究測試中，讓病人在小腿上戴壓力套。為什麼？你的血管需要幫助，才能將腿部的血液送回心臟。一般走路與身體伸展所提供的幫助已經足夠。但躺著不動時，血液會匯聚、凝結，在血管中堵塞。

這樣很糟。

往下流的血液會產生壓力，使血塊脫落。這些血塊在比較大的動脈中應可順利通過，但糟糕的是心臟與腦部的瓣膜與血管較狹窄，凝塊可能卡在這些瓶頸，形成阻礙。

若是在心臟形成堵塞，就會導致心臟病發，如果在腦部則會導致中風，兩種情況都能在幾分鐘內奪去你的性命。

不過，心臟病發與中風只是可能奪命，可藉由穿壓力襪等措施來預防。但如果你臥床七個月，一不小心就會因褥瘡喪命。

褥瘡發生的原因，是因為床與骨頭的壓力把你的血管封閉起來，皮膚因而得不到氧氣。

褥瘡一開始只隱隱作痛，但可能幾小時內就演變為劇痛。你在床上越久，褥瘡的情況就越嚴重。最後，潰瘍處會從紅色的瘡轉變成四周全是壞死組織的深深傷口。

這時感染的風險也更高了。你的皮膚是對抗外來細菌的第一道防線，如果傷口持續開放，等於是讓外來細菌能長驅直入，進入你的血液，擴散到器官。這就稱為敗血症。

如果沒有立即治療（有時甚至藥石罔效），敗血症就會奪去你的性命。你身體對

71 骨骼是壓電體，意思是受到壓力時會放電（就像烤肉爐點火器裡的石英）。若骨骼缺乏壓力，就不會發出電子訊號，這表示不會重建，導致骨質疏鬆。

72 細胞外液到處流，導致太空人從太空站回來後臉部浮腫。

於感染的反應很激烈。你會血壓過低、腎臟衰竭、無法吞嚥，導致喉嚨發出咕嚕咕嚕的聲音，稱為瀕死喉音。後來，腦細胞會死亡，你終將失去意識，陷入昏迷。

這一切都只是從躺在床上開始。因此，如果你只是想降低百萬分之一的意外死亡機率，請容我們提供比較好的方式。

首先要下床，遠離龍捲風。堪薩斯、奧克拉荷馬州與肯塔基州是美國天災最多的幾個地區。也最好避開中西部，包括明尼蘇達州與北達科他州（雪災太多），與南方各州（風災太多）。躲避天災最好的州？夏威夷。不過夏威夷有許多只有兩車道的道路，因此交通安全的排名只算普通。道路及居住環境最安全的地方是麻州。這裡沒有太多天災、城市環境較安全，道路安全更傲視群倫。

你也應該避免開車。你每開兩百三十哩（約三百七十公里），就有百萬分之一的死亡機率。搭火車要三千哩（約四千八百二十八公里）才有相同的風險程度。

結婚也不錯，可增加十年的預期壽命。

安養院是最危險的工作環境，只險勝消防隊。最安全的工作？資金管理員。

如果你覺得每天百萬分之一的死亡率太高，那麼請不要躺在床上；相反地，結婚、搬到波士頓，當個會計師，搭火車去上班。

挖個從美國通到中國的洞跳下去會怎樣？

你在長大過程中（應該是小時候），或許曾心血來潮，想挖個從美國通到中國的洞。你甚至可能動手過，在海灘挖了差不多一公尺。

現在你年紀增長，更有毅力了。假設你下次到了海邊，完成童年時的未竟志業，挖了個穿過地球、深達八千哩（約一萬兩千八百公里）的洞，然後一股腦跳下去。

接下來會怎樣？

首先，得看你從哪裡開始挖。你的確切起點很重要。別以為中國就在美國的對面。這是錯誤的觀念。事實上，如果你從美國大陸開始挖，最後會溺斃在印度洋。若想在美國挖洞，最後在乾燥的陸地上冒出，得從夏威夷海灘上開始挖，最後你會在波札那的狩獵保護區冒出來。

但從夏威夷開始挖也有問題。地球外殼的旋轉速度比內部要快得多，和旋轉木馬一樣。你站在夏威夷海灘上，會比地球核心的移動速度每小時快八百哩（約一千兩百八十七公里）。因此，當你跳進洞裡之後，會一路摩擦著岩壁往下，而朝著另一頭往上時，背部也會摩擦岩壁。

要是摩擦速度慢，你只會輕微擦傷。但高速墜落時，持續擦傷會把你的皮膚與骨頭磨光，直到你只剩一攤爛泥。

要避免摩擦致死，最聰明的方法是從南極或北極開始挖，這裡地表的旋轉速度與核心的旋轉速度差不多。

這是第一步驟。不過，跳進穿過地球的洞穴，風險可不只擦傷致死而已。

人體在海平面以屈體墜落時，終端速度約為時速兩百哩（約三百二十公里）。以這種速度墜落八千哩需要四十小時。換言之，你大可以照一般的方式訂機票，中間經過轉機幾次的折騰後，便能抵達波札那。但假設你不趕時間，花四十小時也無妨。只是，你仍舊不可能通過地球。

你在幾秒鐘之後，速度就會慢下來。原因有二。

首先，接近地球中央時，就沒有那麼多的地球重力把你往下拉，這表示你的重量會減少，墜落速度也跟著變慢。但第二個原因則比較危險：空氣變厚重。

海拔八千八百四十八公尺的聖母峰是地球最高點，那高度沒有太多大氣來壓縮空氣，因此地表的空氣會比較稀薄，只有受過良好訓練的登山者才可能生存。

你往反方向前進時，則會發生相反的情況。

由於上方的大氣增加，你墜落過程的空氣也會越來越受壓縮。你才僅僅墜落六十哩（不到全程的一％，約九十七公里），空氣的密度已和水一樣。你會下沉一會兒，但後來就達到平衡狀態，屆時空氣和你的密度一樣。因此，你永遠會「漂」在地球裡。[73]

顯然，這個沙坑需要重新設計一下。要解決空氣密度的問題，就是抽光隧道中的空氣再封起，使之成為長長的真空管。這就解決了漂浮與移動速度太慢的問題，你現在會以時速一萬八千哩的速度（約兩萬九千公里），尖叫著通過地球中心，而非卡在半途。

可惜，這條隧道還是不能安全使用。俄羅斯人曾挖掘過世界上最大的沙坑，他們證實：地球中心太熱了。

---

73 由於大氣壓力會擠壓你的氣室，因此你在地球內部的密度也會比目前還高，並且沉得比你預期得深。但你還是到不了地球的另一端。

俄羅斯的沙坑稱為「科拉超深鑽孔」（Kola Superdeep Borehole），是一項從一九七〇年開始、為期二十二年的龐大計畫，目的只是想了解他們能挖得多深。蘇聯在一九八九年已經挖到四萬呎（十二．四公里），後來因為鑽頭焊接處遇到高溫熔化，計畫才告終。即使他們才挖了地球不到〇．一%的深度，溫度即已上升到一百八十度。

根據經驗法則，從地表往下每挖一百呎（約三十公尺），溫度就會上升攝氏約零．五六度，也就是墜落兩秒，你大概就會覺得變暖〇．五六度。沒什麼大不了。但你在新真空管中，會加速得非常快。

三秒後，隧道中的溫度會提高一．五度，三十秒後，就和烤箱一樣暖。這可不舒服，但你卻能存活超長一段時間。十八世紀，英國科學家查爾斯．布萊格登爵士（Sir Charles Blagden）把一間房間加熱到一百零五度，在裡頭坐了十五分鐘，毫髮無傷地走出來。不過，布萊格登爵士所在的房間不像你的隧道那樣越來越熱。三十秒後，你或許還活著，但這個洞會繼續變熱。再過三十秒，你前進十三哩（約二十一公里），溫度已經抵達五百三十八度。若你帶了加熱即食的披薩，這時已可以吃了，當然你自己也已經熟了。

但情況越來越糟。你仍無法抵達地球另一端。

地球中心的溫度高達六千一百度，比太陽表面還燙。在那溫度下，你的身體會立刻汽化，電子遭撕碎，剩餘部分也將變成零碎的電漿。

所以，我們又得繼續更改你的隧道設計。

如果我們把這隧道的隔熱功能做得非常、非常好（當然不可能做到）。你能順利抵達嗎？

假設沒有撞到隧道的岩壁，且排除了導致速度變慢、抵達另一端時身體東缺一塊西缺一塊的因素，那麼你在時速一萬八千哩的情況下，只要十九分鐘即可來到地球中心。一旦你通過中心，速度又會開始變慢，因為地球會開始把你拉回。但就像遊樂場的鞦韆，你的動能會把你推回一開始的高度——在這情況下，就是地球的另一邊。

如果忽略目前科技無法在地球核心的極端溫度與壓力下挖掘的問題，你可能抵達地球另一端嗎?可以!大約三十八分十一秒，即可抵達地球另一端。到時候要扶好彼端的地面。

要是沒扶好，你就得重來一遍了。

參觀品客洋芋片工廠時，從空中走道掉下去會怎樣？

你可能曾參觀過工廠，不覺得過程特別刺激，原因可能是你沒有成為產品的一部分。讓我們來改善一下這個情況。

假設你到品客洋芋片工廠，走在一樓上方的空中步道，讚嘆馬鈴薯在輸送帶上的運送情況。這時，你突然從上面掉下來。

就我們所知，從來沒有人死在品客洋芋片的工廠。但說到美國死在工廠的人，你不會是第一個。

光是從一九〇二到一九〇七年，每年就有超過五百名美國工人死在工廠裡。《查廠者》（*The Factory Inspector*）年報中，就依照時間順序，簡述該年的部分工安意外：

一名製磚工廠的工人卡在輸送帶上，大部分的皮膚被磨掉。

一名鋸木廠工人掉進無人看守的圓鋸上，被切成兩半。

一名工人卡在海軍造船廠主要蒸氣動力廠的大型飛輪上，手臂與雙腿被扯斷，屍體軀幹被拋到五十呎外，撞到牆壁。

年報上寫著諸如此類的事件。品客洋芋片是在一九六七年發明的，那時工廠安全標準早已大幅提升，因此沒有人變成品客洋芋片。但你若掉進馬鈴薯堆中，將可望改寫歷史。這情況會如下所述。

一旦你掉進生馬鈴薯堆，首先將來到第一站：加熱器。

為了製作洋芋片，會先用三百一十六度的熱風將馬鈴薯烘乾脫水，確保口感一致與方便保存。雖然人類比馬鈴薯善於保留水分，你也不會完全脫水，但你的細胞不喜歡太熱。[74]

人體的細胞在四十五度的體溫下仍可運作，但發燒到四十二度通常會致命，因為你的細胞會啟動自我毀滅的機制，當作防禦疾病的應變手段。

病毒感染你的身體時，會霸占細胞，把它們變成小小的病毒製造廠。受到感染的細胞會打開，讓病毒進入，傳染其他細胞。為減緩病毒滋生，你的細胞會把體溫高解釋為你在對抗病毒，於是細胞會自我毀滅，以免被占用，就像《不可能的任務》（*Mission: Impossible*）會自行銷毀的訊息。

鏡頭拉回工廠。你在加熱器中體溫上升，而細胞誤解為你在發燒，便開始自我毀滅。體溫達到四十二度時，腦細胞大量死亡，因此無法控制許多重要功能，例如心跳。

接下來你會被壓碎，變成粉末。之後，會有玉米和小麥加入你化成粉的身體，混合成類似鬆餅粉的配方粉末。然後加水，把你攪成均勻的糊狀。你會被送進輾壓機，用四噸的壓力把你壓平。

若你將手伸進輾壓機，會被壓扁成籃球大小。幸好你已死了，變成粉漿，因此輾壓機只會把你這人肉鬆餅粉輾平。

接下來，你薄薄的身體體會切成洋芋片大小的橢圓，剩下的部分將回收利用，再重新進入這個過程。之後，模具會把你做成眾所熟悉的凹型洋芋片。

順帶一提，你的新形狀（稱為「雙曲線拋物線」）並非偶然發生的。這是超級電

---

74 要讓人脫水，比較好的方式是冷凍乾燥法，也就是把人冷凍得很堅硬，放在乾燥環境下。五千歲的冰人奧茨（Ötzi），就是大自然的冷凍乾燥範例。奧茨死亡之後，冰河覆蓋在他身上，因此他的身體保存得很好，科學家甚至能判斷他是怎麼死的（謀殺——一根箭切斷了他肩膀上的動脈）、他生前的最後一餐（穀物、根莖與水果），甚至執行血液分析（他有乳糖不耐症）。

腦在商業運用上的早期範例。你的新造型非常不符合空氣動力，因此不會從輸送帶上飛走，每一片都能夠穩穩放進罐子裡。

一旦你成為熟悉的品客洋芋片形狀，就會泡入油鍋炸十一秒。這時，你已經歷過加熱、磨粉、碾壓與切割等死法。

之後，你經過油炸的遺骸就會稍微加點調味料。在美國，通常是用鹽和胡椒調味，也可能用田園沙拉醬。如果你想變成比較特別的口味，或許應該掉進比利時梅赫倫（Mechelen）的品客工廠，他們生產山葵與鮮蝦盅口味。

調味完成後，你會被疊進品客的罐子裡。這時，你將榮登第一片品客人肉脆片。但有趣的是，你不是第一個被裝在品客洋芋片罐中的人。那項殊榮屬於弗瑞德．波爾（Fred Baur，1918–2008，美國有機化學家與食品包裝專家），也就是品客罐子的發明人。他要求把自己的骨灰裝在自己的發明品中。

不過，你會是第一個被裝進大量品客洋芋片罐子裡的人。假設你掉進一百八十磅重（約八十公斤）的馬鈴薯。一旦去除水分，你會失去六〇％的體重。但品客只有四二％是馬鈴薯，因此你會因為加了玉米和小麥，變得更重。最後，經過粗略估算，我們認為你會被處理成大約四萬片品客洋芋片，差不多可裝滿四百罐。美國人平均每天吃掉三億片品客，也就是三百萬罐，因此能享用到你田園醬風味遺骸的機率相當低。但有些倒霉鬼會吃到整罐的你，而多虧美國記者威廉·謝布魯克（William Seabrook，1884–1945）在二十世紀初期做的陰森實驗，我們多多少少知道那些倒霉鬼會嘗到什麼滋味。

謝布魯克在某醫院的協助下，從剛死的人身上取得一塊肉。他烹煮之後寫道：「以顏色、口感、氣味與口味而言，我想到最精準的類比是小牛肉。」

一片由四二%小牛肉、一些玉米粉、小麥與田園調味醬構成的脆片，味道究竟如何，就留給愛冒險的讀者自行體會了。

用巨型手槍來玩俄羅斯輪盤會怎樣？

試問：若以具備一百萬個膛室的手槍玩俄羅斯輪盤（一種自殺式的危險遊戲，也是一種刑求方式，在左輪手槍的多個彈倉其中之一放入子彈後旋轉，接著參加者輪流拿槍對著腦袋扣扳機，直到有人中槍或不敢扣下扳機為止），會對你的生命增加任何顯著的風險嗎？

答案：假設一整天你只做一件事——拿有上百萬個膛室的手槍對準自己頭部，扣下一次（也是最後一次）扳機。那麼你在玩俄羅斯輪盤的這天，將是一生中最安全的一天。[75]

你每天會碰上的基本風險，例如走幾個街區、開幾哩的車、走在冷氣機下方……

75 這不包括你把槍掉下來，壓垮自己的風險。一把有百萬個膛室的史密斯威森是（Smith & Wesson）手槍，重達會有二十五萬磅（十一萬公斤）。會不會被子彈射中頭，反而成為最不需要擔心的事。

林林總總加起來，是玩一次巨型手槍俄羅斯輪盤的一．五倍。

史丹佛大學的決策分析教授羅納德．霍華（Ronald Howard）為了設法比較每日的微小風險，遂發明了微亡率（micromort）一詞：某項活動會造成的百萬分之一死亡率。[76]

微亡率可用來衡量不同移動模式的風險。開兩百五十哩（四百零二公里）的車程等於一個微亡率。騎摩托車（或划獨木舟）六哩（九點六公里），就有相同的微亡率。搭乘私人飛機只稍微安全一點，八哩（十三公里）才有一個微亡率。走路（十七哩，二十七公里）與騎單車（二十哩，三十二公里）會更安全一點，但最安全的顯然是搭乘商業客機（一千哩，一千六百零九公里）與搭火車（六千哩，約九千七百公里）。

如果你愛冒險，玩這種俄羅斯輪盤可能太溫和了一點。在海洋中游泳？微亡率是三．五。水肺潛水？每次微亡率為五。出人意料的是，跑馬拉松的微亡率竟然高達七。[77]急流泛舟？待在河上每天有八．六微亡率。高空跳傘的微亡率高達九。一般愛冒險的人似乎對十個微亡率的刺激經驗躍躍欲試，但真正膽大包天的人，願意冒更大的風險。

比方說，定點跳傘（base jumping）每跳一次的微亡率為四百三十，而離開聖母峰基地營區的登山者，微亡率是一萬兩千（也就是八十三分之一的死亡率）。即使抵達K 2峰，每十個人當中仍有三人死亡。

我們這些不玩定點跳傘、不攀登喜馬拉雅山，年紀又低於八十歲的人，一生中最危險的一天就是出生的第一天。這天的微亡率為四百八十，相當於一趟越野機車之旅。

我們其實在有意無意間，把微亡率加上了金錢價值，也願意花錢降低。美國人為了降低日常風險，平均會花五十美元在額外的安全功能，例如加裝汽車安全氣囊，即可減少一微亡率。不過，政府並不像你這麼重視微亡率。美國運輸部在考量是否進行道路安全改善措施時，只會探討這項措施能改善多少微亡率，並用所需成本來除。如果降低每名駕駛一個微亡率的成本高於一個大麥克漢堡的價格，那麼就不做了。

這場遊戲當然也有輸家。回頭談談用上百萬個膛室的槍枝玩俄羅斯輪盤遊戲的問

---

76 微亡率是「微機率」（microprobability，某件事發生的百萬分之一機率）和死亡率（mortality）共同組成。

77 最常見的死因是心臟病發作，這通常是潛藏的心臟問題所引發的。另一種常見的原因是低血鈉症（hyponatremia）。身體在流汗時，你不只失去水分，也失去鹽分。如果補充了水分，卻沒有補充鹽分，血液中的鈉含量陡然下降，而血液會衝進你的腦細胞，使大腦膨脹。這可不妙。腦袋浮腫到撞到你的頭顱，會導致噁心與喪失短期記憶，如果不予以治療則有致命危險。

題。每一百萬個玩俄羅斯轉盤的人當中，平均有一人會發生不幸。

但等等！子彈射入頭裡，並不表示必死無疑，只表示可能會死。在頭部遭子彈射中的人當中，有五%的人活了下來。原因何在？答案是大腦的冗餘（Redundancy）。大腦可以把某半邊的任務移轉到另一個半邊，因此左右兩邊的大腦皆能處理基本功能。大腦分為左右腦，若子彈只損傷其中一半或某一半的特定部分，你的生存機率可望提高。這表示，前額進、後腦出的子彈，比從一邊耳朵進、另一邊耳朵出的子彈，能讓你的生存機率稍微提高（參見本書〈沒了頭會怎樣？〉一章，看看穿過腦袋的不僅是子彈，而是整根棍子時，如何能生存下來）。

子彈穿過腦袋的速度也很重要。高速來福槍發射的子彈會穿過你的顱骨，並以難以預測的路線掠過，像石頭打水漂。這表示直接射向額頭的子彈可能會打中頭顱，往上跳，錯過你整個腦袋。

手槍射出的子彈會打到你的頭顱，並像慢動作的石頭那樣直線移動。如果目標瞄準，情況就嚴重了。

手槍子彈行進的速度，比組織撕裂的速度更快，這表示子彈會在行進過程中把你的腦推開。如果子彈還在頭裡時拍X光，就會看到子彈後面拖著一條長長的痕跡，那條痕跡比彈頭還寬。

不過，這X光沒能顯示出真正的傷勢。不光是子彈行經路徑上的組織與神經會被摧毀，連兩邊的大片區域也遭殃。

子彈通過大腦時，組織會坍塌在一起，就像跳水後，尾波的水流互相撞擊。由於大腦快速形成空穴（cavitation），而在足夠的力道下，組織塌陷後會送出震波，導致大範圍的神經受損。

若你要在近距離槍擊後存活，受傷的區域決定了你的復原狀況。但因為大腦有能力轉移工作，因此無法確切預測你會如何康復。

幾乎每個案例中，人被子彈擊中頭部後第一個念頭都是似乎有東西燒焦了。腦部損傷常令傷者聞到烤焦吐司味，但原因尚不明朗。

不過，你根本不會有機會煩惱這問題。近程射擊可能在大腦意識到發生了什麼事之前，就奪去你的性命。

換言之，在衰到極點、以百萬分之一的機率輸了這場賭注之後，你要非常幸運才能活下來。

前往木星旅行會怎樣？

二〇一三年十月九日，美國東部標準時間凌晨三時二十一分，航太總署的朱諾號（Juno）太空船以每秒二十五哩（四十公里）的速度掠過地球（比子彈的速度快五十倍），迅速朝向木星飛去，進行資料收集的任務。這艘探測船沒有載人，但假設你跳上太空船，於二〇一六年七月終於抵達木星後下了太空船。接下來就要聊聊你會碰上什麼事。

木星是個氣體構成的巨大行星，跳傘通過木星似乎和穿過雲朵一樣，應該不會有什麼問題吧？實則不然。木星的質量非常大，而且很燙，內部壓力之大，連地球上最深的海洋都相形失色。木星難以穿透，我們甚至不確定它的核心是由什麼構成。目前為止，探測船一進入木星外圍雲層底下，才幾哩就被木星吞沒。一九九五年，繞行木星軌道的伽利略號（Galileo）的探測器墜落木星，在焚毀之前還傳輸了五十八分鐘的資料。但你可沒這麼幸運。

早在你跳下太空船之前，就已陷入麻煩。木星和地球一樣，磁場會像電池一般，儲存太陽輻射。但問題是，木星比地球還大，磁場也更強，因此在離木星還有二十萬哩時，你就會被五西弗（Sievert，簡稱Sv）的輻射擊中。只要接觸這種輻射量幾天，你就會喪命。越接近木星，劑量也隨之增加到三十六西弗（十西弗就會致命），導致你馬上嘔吐，之後死亡。

但假設你已先做好準備，在太空衣上裝輻射防護罩——鉛與石蠟即可發揮功效——於是你能活得夠久，有機會跳下太空船。

一旦你的腳離開探測船的艙面，木星巨大的重力就會以超過每秒三十哩（四十八公里）的加速度把你拉下來——〇．五口徑的子彈速度為每秒〇．五哩，相較之下真是慢郎中[78]。進入木星大氣層上方時，你會在四分鐘之內從每秒三十哩的速度，降低為每小時四哩（六公里）。在這減速過程的巔峰，你會感受到兩百三十g的重量——相當於十六層樓建築物的高度倒栽蔥落下。

此外，以每秒三十哩的速度墜落，表示空氣來不及讓路，因此受到壓縮，急速加熱。你的太空裝會升溫到八千五百九十三度以上，你會汽化，變成電漿球，同時產生比太陽還亮的光芒。

從木星表面（如果木星有表面，且有人抬頭看到你），你看起來像是發光的火球。但伽利略號的探測船有精密的隔熱罩，能撐過這個過程。假設探測船在經過木星大氣層時隔熱罩脫落飛走，你又抓到其中一個碎片，就這麼撐過了最初階段。

這時可說你已抵達木星表面，不過，這看起來像表面的地方，只是雲層頂端。由於木星是以氣體構成，你會持續墜落。在地球大氣壓力為一的時候，人體在屈體姿勢的終極速度為每小時兩百哩（約三百二十二公里）。但是木星的重力比地球強大多了。在木星的一大氣壓，你會以時速千哩墜落——還是很快，但至少已夠慢，太空裝不會融化。外頭的溫度為寒冷的零下九十三度，大氣層主要以氫和氦為主，但既然你的太空裝有氧氣筒與加熱器，因此應該不會有事。

經過十分鐘的持續墜落之後，你會開始承受三大氣壓，或相當於來到水下一百呎

78　若你是搭乘火箭船，這種加速度會讓你沒命，因為座椅背後會擠壓你的器官。但是穿著太空衣在木星上就沒關係（目前暫時沒關係），因為這是重力造成的加速度，你身體的每個部分都會以相同的速度加速，不會造成器官堆積。

（三十公尺）。幸好你的身體主要是水，而水是無法壓縮的。專業潛水員可在三分鐘之內潛入七百呎深之處（兩百一十三公尺），大氣壓為二十一。雖然不夠安全，但可以生存。

等你越來越接近核心，木星的溫度會上升，和地球一樣。這時溫度已經上升到零下七十三度。這裡的雲層是以冰粒子構成（和地球大氣層上方一樣），風速高達每小時四百五十哩（七百二十四公里）。不過，假設你已經來到這裡，穿著太空裝的你應該沒什麼問題。

在墜落二十五分鐘之後，溫度會上升到舒適的二十一度，大氣壓增加到十——相當於水下三百三十呎（約一百公尺）。在十大氣壓時，氧氣會變得有毒。為了活命，你必須把氧氣瓶換成氦與氧的混合物，就像深海的水肺潛水者所使用的。

在墜落整整一小時後，你就陷入真正的麻煩了。外頭一片漆黑，溫度上升到兩百零四度，熱得足以在幾分鐘內奪去你的性命，也能熔化伽利略號的接頭。這時，你唯一的機會，就是太空裝隔絕效果很好。先如此假設好了。

你在墜落時，大氣密度持續增加，先是和水一樣，之後又和岩石一樣。你在木星上找不到表面——只是大氣壓力平穩上升，密度越來越高。

最後，你的密度會和木星達到平衡，於是你不再下沉，改為漂浮。這時的壓力會比地球大氣層增加千倍，即使你有特殊的太空裝也無法承受。太空裝會和你體內的空腔一起坍塌。你的胸、耳、臉與腸子會坍塌，最後變成一團硬梆梆的血肉。之後，還有熱的問題。

這深度的溫度是四千七百度，大約和太陽表面一樣。你不僅會汽化，連原子都分崩離析。你會永遠埋在這裡，而電漿漂浮在烏黑、滾燙的液態氫中。

如果你可以深入木星，這壓力最後會超過一百萬大氣壓，這時會發生有趣的現象。你身體有六二%的原子是氫，而在這壓力下，科學家預測氫會變成液態金屬。

如果你能活過g力、熱、壓力、有毒大氣這一連串的試煉，最後就會變得像《魔鬼終結者二》的反派角色一樣。至少挺酷的吧！

吃了世上最毒的物質會怎樣？

二〇〇六年十一月一日，亞力山大．利特維年科（Alexander Litvinenko）在倫敦與兩名前蘇聯特務（KGB）一起用餐。利特維年科曾是過去俄羅斯的祕密特務，曾公開反對當前政權，為英國祕密情報局工作，還撰文批評俄羅斯總統普丁（Vladimir Putin）的恐怖行為與暗殺行動。

在這次聚餐後不久，利特維年科身體出現不適。症狀最初像食物中毒，包括嘔吐、胃痛與疲倦。但和食物中毒不同的是，他接下來幾天症狀每況愈下，醫生找不出原因，束手無策。利特維年科開始掉髮，血球數量銳減，後來根本無法下床。他在三週之後去世。

調查人員解剖利特維年科的遺體之後，發現他是遭到十微克（相當於半根睫毛的重量）釙–210毒死，這種有毒的放射性同位素，是在鈾衰變成鉛的過程中產生。

釙－210的半衰期很短，只有一百三十八天，過程會釋放出巨大的能量。一公克的釙－210可加熱至四百八十二度，產生一百四十瓦的電力。釙可用來提供太空船熱與電力，並製成世界最好的雪靴和手套。

釙－210的反應性很高，其α輻射有很強的毀滅能力，會在短距離內散發出所有能量，這表示能透過衣物、兩張紙或皮膚隔絕。殺害利特維年科的兇手可輕鬆把釙－210放在口袋，或者放在一瓶水中，自己卻毫髮無傷。

不過，一旦釙－210通過皮膚（例如攝食），就會變得非常毒，人勢必被輻射毒死。但是釙－210不容易成為刺客的好武器，因為它可以用尋血獵犬無法企及的設備追蹤。顯然前KGB不知道有設備可偵測到極微量的釙－210，而調查者就循線找到兇手搭過並受到污染的飛機、他住過的三間旅館、與利特維年科見面的地點，以及利特維年科的茶杯（俄羅斯政府拒絕把嫌犯引渡到英國）。

利特維年科一喝下有毒的茶，就已注定劫數難逃。一旦釙－210通過皮膚，α輻射就開始轟炸人體，第一個目標就是胃腸壁，遂導致嚴重噁心，疼痛與內出血。攝取的劑量越高，症狀就越快出現。如果在接觸之後的四個小時內出現症狀，你就有麻煩了。

掌管血液製造的骨髓最容易受到輻射傷害。一旦骨髓細胞受到攻擊與傷害，白血球數量就會銳減，對外來的感染無招架之力。

一旦骨髓細胞遭到毀滅，紅血球的生成數量也會減少。最後，你的血液會變得很稀，無法供氧給重要器官——最重要的就是你的心臟。心臟得不到充分氧氣就會衰竭，切斷供給大腦的血液。

釙－210僅僅一微克即可致命，堪稱放射性物質中最致命的一種，卻不是世上最致命的物質。

釙－210已經夠厲害了，肉毒桿菌的毒性卻是它的五百倍。

二〇一三年，加州公共衛生部收到一份肉毒桿菌中毒的嬰兒糞便樣本。雖然大人能防禦肉毒桿菌，但嬰兒的胃腸尚未發育完成，無法抵抗。

這檢驗過程是很平常的例行公事。只要運用抗肉毒血清，存活率相當高。不過這次醫生發現事有蹊蹺。這是過去未曾發現過的肉毒桿菌，稱為H型肉毒桿菌（botulism H），目前沒有抗毒血清可解毒。這項發現令研究人員大為警戒，因此將其DNA定序保密，避免這種肉毒桿菌被製成生化武器。

H型肉毒桿菌只要兩奈克就足以致命，也就是十億分之二公克。我們肉眼完全看不見的紅血球重量也有十奈克。史上最致命的化學武器為VX毒氣，毒性非常強，但也需要十毫克才能致命[79]，強度可說比H型肉毒桿菌少了一百萬倍。

H型肉毒桿菌的毒性有多強？如果你把它裝進眼藥水的瓶子裡，擠一滴到一座游泳池中，那麼喝一杯從泳池取出的水就足以致命。這一滴如果適當分散，便足以殺害一百萬人。一杯的量就能消滅全歐洲人口。

H型肉毒桿菌和病毒不同的是，進入人體之後不會再增長——這也是H型肉毒桿菌毒素的特徵。它從很小的地方開始，也保持很小的規模，但仍可以導致你的身體大當機。

肌肉在碰到乙醯膽鹼（Acetylcholine）便會產生收縮反應。肉毒桿菌溜進肌肉的乙醯膽鹼接收器，永遠住在這裡，你便因此癱瘓。

但這種特性其實有幾種醫療用途。另一種A型肉毒桿菌即有人用來美容。只要注射非常、非常少量的A型肉毒桿菌，就會讓你臉部肌肉放鬆，皺紋消除——其商業名稱為保妥適（Botox）。

不過，肉毒桿菌H型不可能有商業用途。

如果你喝了受污染的泳池水，十二到三十六小時後視力就會稍微模糊，眼皮下垂，說話口齒不清。

肉毒桿菌會先攻擊由腦神經控制的肌肉（包括眼、口、喉），之後再擴散出去。接下來你會便祕，因為推動消化食物的肌肉已癱瘓。

肉毒桿菌比較可怕的一面，在於不會影響你的心智。因此你的身體一波波癱瘓時，你完全知道發生什麼事，但你自己和醫生都莫可奈何。[80]

---

79 簡單說明一下VX毒氣。這原本是一種殺蟲劑，但後來發現它毒性太強，於是停用。軍隊也知道VX毒氣的毒性，因此把它變成化學武器。

VX是這樣發揮功用的：你的神經釋放出化學物質，造成肌肉收縮與放鬆。VX毒氣則讓「放鬆」的化學物質失效，因此你的肌肉只會緊繃，不會放鬆，這樣肌肉會很快疲乏，不再運作。這就會引發問題，尤其是你的橫膈膜。一旦受VX毒害，橫膈膜會緊繃、疲乏，導致你窒息而死。這整個過程只需要短短幾分鐘。

和電影《絕地任務》（*The Rock*）中不同的是，VX毒氣不會對皮膚有影響，而且解毒劑是要注射到大腿，不是心臟。

80 一般較常見的肉毒桿菌中毒病人——有抗毒血清可使用——可能臥床好幾個月，從頭到腳都癱瘓，但是意識十分清楚。雖然抗毒血清可阻止肉毒中毒情況惡化，卻無法讓死去的肌肉起死回生，因此病人得等上好幾個月甚至好幾年，等待新肌肉長出來。

首先從頭部開始。你的臉會無法動彈，接下來輪到肩膀與手臂。

等到橫膈膜不再運作時，事情就嚴重了。你胸部的肌肉讓肺部擴張，充滿空氣。一旦肌肉癱瘓，呼吸會越來越困難，好像有個五百磅重（約兩百二十七公斤）的彪形大漢坐在你胸口。

最後，你無法得到足夠的空氣來供應大腦。腦細胞需要源源不絕的氧氣供應，只要缺氧十五秒便會逐漸停止運作。幾分鐘後——時間端看腦區細胞的死亡順序——你就完全腦死，而導致這後果的毒藥劑量，比這句子最末的句點還小。

好處是，你的遺體會光滑無皺紋。

住在核冬天會怎樣？

冷戰期間，美國與蘇聯有能力以核子武器毀滅世界，是眾所皆知的。但大家不知道的是，這兩國能多麼輕易毀滅世界。

如今我們藉由成熟發展的全球暖化天氣分析模型，可得知即使相對較小的核武衝突，也會導致嚴重後果。從小型擁核國家全面開戰的模擬得知，將有一百個數百萬噸的炸彈彼此轟炸。若一百個核子武器同時爆炸，即使你住在地球彼端，也會受到嚴重波及。第一個問題是什麼？輻射。

核子武器爆破後，整個地區都會籠罩在輻射之中，原本無害的原子會變得危險。其中一種核子小雜種，稱為鍶90。它很輕，不需要多次爆炸即可覆蓋全球，且深入各種食物。一旦攝取到鍶90，它就和鈣質一樣會由人體吸收進骨骼。一九五〇年代，在露天核子測試後誕生的孩童，牙齒的鍶90為自然含量的五十倍，幸好仍低於嚴重危險的門檻。但核戰和測試不同，會輕鬆跨過這個門檻。

一旦鍶90進入骨骼，其放射性會分解你細胞的DNA，導致骨癌與白血病。如果你在最初的核戰後僥倖存活，未來仍會罹患骨癌。但在這之前，你還得撐過嚴重的煙霧、灰燼與煤煙等問題。

第二個問題是，從核爆點揚起的塵埃是無法散去的。一百個數百萬噸的炸彈在空中爆炸之後，不僅會把碳送到大氣層更高處，還會引發大片的森林與都會火災，釋放出大量的煙。此外，爆炸威力將掀起好幾噸的細沙塵，在太陽照射加溫下，會飄浮、累積在同溫層。

一般營火的煙會停留在雲的下方，能靠著雨水帶離。但以輻射落塵而言，煙霧與塵埃會被抬到雲的上方，無法由雨水帶離，因此將停留在上空好幾年，阻擋陽光。

即使是保守的環境模擬也顯示，一百個核彈爆發後會阻擋陽光，導致全球平均溫度驟降，大幅衝擊全球食物供給。稻米禁不起結霜，一旦稻米產量出現嚴重波動，會導致全球二十億人死亡。[81]

在百個核彈的戰爭中，全球有三分之一的人口會死於爆炸、饑荒或癌症，但人類不會滅絕。不過，如果是規模更大、發射上千個熱核武器（氫彈）時，就像一九八三年美國與蘇聯差點爆發的戰爭，即可能造成人類滅亡。

一九八三年十一月七日，美國帶領北大西洋公約組織進行「優秀射手」（Able Archer）大型演習，模仿以核武先發制人，對抗蘇聯。差點人人遭殃，蘇聯認為美國是為了掩飾真正的攻擊才進行演習。蘇聯為了反擊，派直升機將飛彈載到導彈豎井，空軍也動員。這舉動可能刺激美軍以牙還牙。幸好美國空軍中將李歐納・佩洛茲（Leonard Perroots）誤以為蘇聯也在演習，因此沒有採取行動。由於沒有回應，讓蘇聯相信美軍是在演習，沒有輕舉妄動。

這項危機的分析報告後來解密了，內容指出佩洛茲中將的決策「幸運，雖然資訊不足」。但這或許是人類史上最幸運的誤判。

如果緊張局勢惡化，雙方誤解導致大規模核戰爆發，則會有幾千個數百萬噸炸彈四處轟炸。即使你不是住在大城市（美國與蘇聯每一座人口超過十萬的城市都是目標），逃過一開始就慘遭核彈立即炸死的命運，恐怕也來日無多。

---

81 根據國際防止核戰爭醫生組織（International Physicians for the Prevention of Nuclear War）的分析，全球稻米產量會減少二一％、玉米減產一〇％、大豆減產七％。

在核戰發生兩個星期之後，一億八千萬噸的煙雲與灰塵會像黑色顏料那樣覆蓋全球，久久不散。

陽光照射量只剩下目前的百分之幾，即使正午時分，也像天還沒亮。北美盛夏時節的溫度仍會低於零下。

好消息是，許多樹木死亡，可供取暖；壞消息是：你會陷入飢荒。農作物已奄奄一息，即使沒死的，也會面臨另一個災難：蟲害。

蟑螂及其同類相當能耐受輻射，但是其掠食者則無法抗輻射。少了鳥類控制，吃作物的害蟲將大量孳生。即使在寒冷中得以生存下來的作物，也會被害蟲吃個精光。

不過，有個好消息（勉強算是啦）。比起牛，蟑螂能更有效率把穀類變成蛋白質。即使在新的末日世界，仍有許多蟑螂可吃。牠們會成為健康的零嘴，富含維生素C、蛋白質與脂肪。只要你不挑食，就可以比預期多活久一點。

只是若要生存的話，每天都得吃很多很多蟑螂，大約一百四十四隻。噁！

到金星度假會怎樣？

造訪金星的死法不像降落在木星那麼精彩，但也不容小覷。

從外太空降落到金星大氣層，算是相對舒適。金星的重力和地球差不多，因此你不會太快墜落——大致類似重新進入地球的過程，問題不算太大。只要把你送上航太總署的太空梭，你就會完完整整，來到金星上空十五萬五千呎（約四萬七千公尺；如果你想跳過搭乘太空梭這個步驟，請參看〈從外太空高空跳傘下來會怎樣？〉，看看會發生什麼事）。

不過，一旦你降落到十五萬五千呎這個門檻以下，麻煩便接踵而至。

首先，你要當心雨雲。金星下雨時，降下的不是雨水，而是硫酸，亦即類似汽車蓄電池裡的東西。它會侵蝕太空梭外露的金屬（若你沒待在太空梭內，就會在你皮膚上燒出一個洞）。若希望太空梭有窗戶，得採用鑽石等級的玻璃，才能抗熱與硫酸。

航太總署的金星登陸太空船上，就用了兩百零五克拉的工業鑽石，當作攝影機鏡頭。[82]

暴風雨雲的潛藏危機在於閃電。科學家近年才確定，金星有閃電存在，但還不確定閃電是存在於雨雲間，或是打在金星表面。無論是哪一種情況，如果你在太空船中，則太空船會引導電從你周圍流過，就像你在地球時坐在車上一樣安全。但若是身處太空梭外，就會被硫酸引發的閃電擊中，情況如同〈遭雷擊會怎樣？〉一章所描述。那可不妙。

一旦你降落到雲下，就得靠降落傘放慢速度。不幸的是，金星有溫室氣體的問題，而且非常非常嚴重。金星大氣層九六%為二氧化碳，這表示它是很大的集熱器。白晝時金星的溫度為攝氏四百六十二度，加上很能儲熱，半夜仍足以熱得讓鉛熔化。想想看溫室效應發展到極致的模樣就知道了。

一般聚脂或尼龍降落傘，會在一百三十二度融化。你的降落傘用個幾秒就不見了。我們建議使用聚對苯二甲酸乙二酯（Dacron），金星登陸船就是使用這種材料的降落傘，不僅可抗硫酸，且在兩百六十度才會融化——雖然仍會融化，但至少可撐久一點，何況這樣可能已經足夠了，因為金星空氣的密度非常高，為水的七%，而你降落時會夠慢，足以讓你生存下來。

俄羅斯讓太空探測器登陸金星時，是使用會融化的降落傘、氣球與毀機降落，結果成功傳回五十二分鐘的資料，之後才因為電子儀器熱熔而停止。

因此，若靠著運氣與先進的工程（以及不太可能製造出的空調艙），你或許能在金星上走走瞧瞧。但很可能會失望。金星覆蓋著十七哩（二十七公里）厚的煙雲，相較之下，連洛杉磯都像大溪地一樣清新。金星煙雲非常厚，即使在中午時分也像黃昏。

金星的重力為地球的九〇%，你的身體可以輕鬆適應，但「空氣」密度為地球的五十倍，因此跑起來會像慢動作，猶如在夢中逃離揮舞斧頭的殺人犯。

金星大氣密度高，會導致你體內的氣腔出問題。站在金星表面，就像站在三千呎（約九百一十四公尺）深的水底。你的身體由水分組成，無法壓縮，但體內仍有幾個氣腔會在壓力下塌陷。你的臉會像被巨大的棒子打到一樣壓扁，耳朵往內縮，眼球陷入頭內部。因為脖子和喉頭都緊閉，你的頸圍會縮小，肚子也會小個幾吋，因為胃腸都往內塌陷。

---

82 若你能證明是用於科學研究，政府會把沒收來的鑽石給你。

你體內含有空氣的最大區域就是肺部。但在金星上，即使你設法讓肺部充滿空氣，這器官還是無用武之地。由於金星的大氣有九五％為二氧化碳，光吸一口，你的身體絕對嚷著要氧氣。只要區區十五秒，你就會痛苦昏厥。

金星最後一個大問題，當然就是熱。如果你穿著泳裝在四百六十二度下，不出幾秒就死亡，但你不會起火，因為金星沒有氧氣可供燃燒。雖然不會起火，但細胞在四百六十二度的溫度下早已無法運作，這溫度和持續有燃料的火差不多，你的蛋白質早已變質。你會很快從「全熟」變成「骨頭冒煙」，幾天後就會「化成灰」。

因此你在金星上的數種死因如下：火葬場的溫度、海底的高壓、缺乏任何可呼吸的氣體。

但是，你絕不會摔死。

金星空氣非常厚重，你的終端速度會是每小時十一哩（約十八公里），相當於在地球上從五呎（一．五公尺）高的跳台往下跳。這表示，無論你在金星上從多高的懸崖往下掉，墜落過程中可能會因為各種原因慘死，但絕不是摔死的。

簡言之，如果你不想死在烤爐裡，那金星就是可怕的地方。但如果你懼高，金星倒是不二之選。

被蚊子圍攻會怎樣？

瘧蚊堪稱是人類史上危害最深的動物。有人估計，從石器時代以來，瘧蚊叮咬造成了半數人類死亡。當然，也不能完全怪罪於蚊子叮咬。真正的兇手，是寄生在瘧蚊身上的原生動物所造成的瘧疾。

每年有兩億四千七百萬人感染瘧疾，其中一百多萬人死亡。除此之外，被蚊子叮咬很討厭（其唾液是種多數人會過敏的抗凝血劑），且不光是人類這麼想。阿拉斯加馴鹿為了躲蚊子叮，會改變遷徙路線，前往較寒冷的區域。

會避開蚊蚋叢生地區的，不只有馴鹿。在中美洲、南美洲、非洲的大片莽原上也是蚊子肆虐，早期探險者根本難以穿越。亞馬遜森林得以保存，或許就是因為蚊子多。

最早嘗試建造巴拿馬運河的，其實是法國人。他們在一八八一年動工，但進展並不順利。巴拿馬叢林處處是毒蛇與蜘蛛，牠們可不是什麼幫手，但更嚴重的問題是蚊子。瘧疾折損了大批法國人力，計畫如火如荼進行時，每個月都有近兩百人死於瘧疾。這導致計畫不斷延期，成本費用飆升，九年後以失敗告終。共有兩萬兩千人殉職，多數是因為蚊子叮。二十年後，美國人完成了這項計畫，那時醫生已比較了解瘧疾與蚊子的關聯，然而仍有超過五千六百人喪生。

許多人和我們一樣，並非住在瘧疾疫區，卻仍三不五時要打蚊子。如果蚊子身上沒有瘧原蟲，還能不能奪人性命呢？蚊子叮咬會不會多到把你榨乾？有沒有被蚊子叮咬上千個包致死的情況？蚊子每回叮人時，只會吸一點點血，因此在正常情況下，你去露營時被蚊子叮並不會發生危險，失去一點點血並無大礙。但如果你去阿拉斯加的北坡（North Slope）露營，在一大群蚊子間打赤膊，恐怕會出問題。我們能得知這情況的細節，是拜北極圈的研究者之賜。他們是一群勇者，又喝了點伏特加，便打赤膊到戶外去。他們站在如烏雲般密集的蚊群裡一分鐘，隨後趕緊回到屋裡，評估傷害。

這一算，發現有超過九千個包。

蚊子每叮一次，只吸五微升的血。你血管中有大約五公升的血，可供一百萬隻蚊子飽餐。因此你露營時，是禁得起蚊子叮咬幾口的。但如果是每分鐘叮咬九千次，那得另當別論。

如果你效法這群打赤膊的科學家，逗留在蚊子群中不離開，接下來發生的事如下所述。

你在折騰了大約十五分鐘之後，就會失去一五%的血，相當於一次捐血量。你會感覺有點焦慮，而且很癢，但只要喝杯柳橙汁和吃塊餅乾就沒事了。

然而，過了三十分鐘之後，蚊子會吸取你三〇%的血量。你的血壓開始下降，因此心臟加快跳動來彌補。與此同時，你會覺得四肢發冷，因為身體顧著把氧氣提供給內臟，犧牲了你的手腳。這時，你的呼吸速度會變快，以彌補氧氣缺乏的情況。

你連續被蚊子叮咬四十分鐘後，會失去了兩公升的血，這時已經來到危急階段。你會覺得焦慮，意識不清，心跳超過每分鐘一百次。當你的身體把剩下的血和氧氣集中到大腦、腎臟與心臟時，手臂和腿會漸漸飢餓壞死。

四十五分鐘之後，你已經被咬了超過四十萬個包，失去超過兩公升的血液。這時，你的心跳就無法維持最低血壓，你會休克，之後心搏停止。少了血液把肺部的氧氣送出，腦細胞就會開始死亡。在幾秒鐘內，你會陷入無意識狀態，腦部出現無法修復的損傷。依據腦細胞死亡的區域與順序，你可能會在三到七分鐘內心臟衰竭與腦死。

接下來，你會以最奇特的方式，成為近半數因瘧蚊叮咬而死的人類之一。

變成真正的人體砲彈會怎樣？

人體砲彈（你在馬戲團看到的那種）是從馬戲團的大砲中發射。馬戲團大砲基本上是很長的管子，底部有個彈簧。最長的馬戲團大砲是兩百呎（約六十一公尺），若計算一下，可算出發射時速大約為七十哩（約一百一十三公里）。若能在正確落點妥善放置網子，當成砲彈的人仍可生存，雖然不是百分之百安全。有人曾經殉職。即使如此，還是比從真正大砲發射出去安全。

真正的砲彈離開砲口時，時速高達好幾千哩。假設你很想知道那感覺如何，於是爬進現代大砲，請朋友把你發射出來。這點子牽涉到許多危險，但我們只談其中兩個。

其中之一是加速度。你朋友拉下火繩時，你就會在百分之一秒的時間，時速從零加速到三千八百哩（約六千一百一十六公里）。這相當於一萬七千g，比太空人經歷的重力約高了兩千倍。你的「承重」會瞬間變成兩百五十萬磅（一百一十三萬公斤）。頭顱、骨骼與軟組織（組織、皮肉、肌腱等等）會立刻塌陷，只有體內的水能抵抗。你還在砲管時，就會失去人形，成為小小的紅色水柱，底下為一層碎骨與肉屑。等身體離開砲管後，情況只會更糟。

每小時三千八百哩的速度會在空氣中產生很大的摩擦力，進而生熱（戰鬥機表面可達攝氏三百一十六度）。這對你主要成分是水的屍體來說，會是一大問題。

於是你的夢想淪為一攤稀薄血水，飛過空中。你最後的形體會是非常燙的霧氣，以音速的五倍射向大氣。

哎唷喂呀！

被帝國大廈頂樓掉下的一美分硬幣打中會怎樣？

壞消息：從帝國大廈頂樓掉下來的一美分硬幣，不會直接在你頭上砸出一個洞。它在海平面的終端速度只有每小時二十五哩（四十公里）。一分美元的硬幣很輕，且和所有硬幣一樣，在掉落過程會翻滾，增加表面積，成為最不具致命性的子彈。即使掉落在你頭上的是目前流通的最大硬幣——艾森豪一美元銀幣（Eisenhower silver dollar），頂多只和蚊子叮一樣。

大家得知這一點之後，總覺得失望。頭上有個一分硬幣大小的洞在冒煙，畫面實在太吸引人，因此多數人不願意輕易放棄。

有些東西若從帝國大廈頂樓掉下來，可能會造成比較嚴重的傷害。但正如一元銀幣的例子所顯示，哪些掉落物你該試著去接，哪些又該躲開，未必符合你的直覺反應。為解決城市居民的兩難，我們寫下這份指南，讓你經過帝國大廈時參考。

如果你看到下列物體從這座摩天大樓掉下來，請跟著指示做。

棒球

一個五盎司（約一百四十公克）的棒球從帝國大廈頂樓落下時，時速可高達九十五哩（一百五十三公里），和大聯盟投手的速球差不多。[83]如果棒球砸到你的頭並彈開，你可能腦震盪。不過，你還是有機會締造紀錄。

一九三九年，舊金山海豹隊（San Francisco Seals）投手喬・史普林茲（Joe Sprinz）接到從八百呎（兩百四十四公尺）高的飛船丟下的棒球，一度創下世界紀錄。這顆球落入他手套之後還有足夠的力量反彈到他臉上，害他斷了幾顆牙與下顎骨折。

二〇一三年，札克・漢波（Zack Hample）刷新紀錄，接到從一千零五十二呎（約三百二十公尺）高處落下的球（他有戴捕手面具）。由於帝國大廈高一千兩百五十呎（三百八十一公尺），因此你有機會改寫新紀錄。但也可能以腦震盪收場。

結論：如果你看到帝國大樓有球往下掉，趕快找個棒球手套，不妨連其他護具也準備好。即使時速不到九十五哩的棒球，也曾奪人性命。

葡萄

葡萄的終端速度是每小時六十五哩（約一百零五公里），即使砸中你的頭，動能也不足以造成傷害。不過，用嘴巴接葡萄的世界紀錄是七百八十八呎（兩百四十公尺），那是在一九八八年，由保羅．塔維拉（Paul Tavilla）創下的。

結論：如果你看見葡萄掉落，先確定那是葡萄，不是更堅硬的東西，然後就把嘴巴張大。

足球

足球大而輕，是掉落速度慢的物體。如果從帝國大廈頂樓把足球扔下，時速最高為五十四哩（約八十七公里）。足球員平時踢球還更快些——最高紀錄為時速一百三十二哩（約兩百一十二公里）——之後還努力以頭去頂球。然而他們頂多頭痛，損失幾個腦

83 若與大聯盟的投球相比，其實相當於接住時速一百零三哩（約一百六十六公里）的速球，因為測球速的雷達槍是測量球離開投手的手那瞬間的速度。等到球到了打擊者前方時，時速九十五哩的球已減速到八十七哩（一百四十公里）。

細胞。

足球能反彈得多高？足球的恢復係數（coefficient of restitution，簡稱 COR，是指物體從某物反彈後仍保持多少能量；在這個例子中是指你的頭）為〇．八五，因此足球打到你的頭之後，會反彈到四樓高。

結論：足球反彈力好，但不足以致命。如果想找個更會彈跳的，試試看扔彈跳球。它的終端速度為每小時七十哩（約一百一十三公里），砸不死人，然而恢復係數高達〇．九。如果從帝國大樓頂樓扔下，可彈回八十呎（約二十四公尺）高。

原子筆

這得看原子筆的類型而定。如果沒有筆夾，原子筆在掉落過程中會翻滾，因此速度太慢，不會造成傷害。但如果是有筆夾的鋼筆，則會在你頭上鑽出一個洞（你原本可能以為一美分硬幣才會）。為什麼？

筆夾就像箭上黏的羽毛，會讓筆尖朝下。這麼一來，筆不僅可加速到每小時一百九十哩（約三百零六公里），還會像棍子一樣打到你的頭——棍子很有刺穿力，但沒有額外阻力，因此動能更大（反坦克彈藥也是棒狀的，理由相同）。

結論：在「箭羽」和棒狀的額外動能加成下，有筆夾的原子筆掉落時會刺穿你的顱骨，戳穿大腦。結果？如果從一棟摩天大樓扔下，一枝筆和一把劍一樣厲害。

藍鯨

所有生命型態中，藍鯨是世上以自由落體掉落時，速度最快的東西——只要設法把它搬到大氣上方即可。藍鯨重量超過四十二萬磅（一百九十噸），墜落時的終端速度超過古今所有動物。從超過四哩（六千四百公尺）的高度落下時，藍鯨在接近海平面時就能突破音障（Sound barrier）。從帝國大樓頂樓落下時，藍鯨的速度可達到時速一百九十哩（三百零六公里）。[84]

這表示如果你想接住藍鯨，就會惹上麻煩——慘遭壓扁。其實，比壓扁還慘。鯨魚撞到地面時會「飛濺」，意思是，它的皮膚無法容納往外擴張的內臟。你如果被壓在墜落的鯨魚下方，也會發生一樣的情況。你的皮膚無法容納內臟。因此在砸爛與飛濺之後，鯨魚和你的內臟就混在一起了。

---

84 沒錯，和筆一樣——任何從帝國大樓頂樓高度落下的物體，都會由地球重力加速到時速一百九十哩。

結論：亂七八糟。

這本書

若有人從帝國大廈頂樓扔下這本書（我們知道這是本章最不可能發生的情況），則時速會超過二十五哩（四十公里），且需要超過三十秒才落地。

結論：如果你曾經招惹臂力很強的圖書館員，你可能被書以超過二十五哩的時速砸中。很嚇人，但不致命。

跟別人「真正」握到手時會怎樣？

握手很不衛生。手是疾病傳染的主要途徑，正因如此，美國疾病管制與預防中心（Centers for Disease Control）大力提倡以碰拳取代握手。不過，光是從傳染病的角度，不足以說明握手多麼危險。

這是因為你在跟人握手時，受到「原子斥力」的影響，並未**真正**碰到對方的手，即使用力握也一樣。若你下次握手時真的碰到對方的手，後果將不堪設想。

構成你手掌（以及其他所有東西）的每個原子，都有圍繞原子核的負電子。這些電子彼此互斥，就像冰箱磁鐵的同極相斥一樣。但和冰箱磁鐵不同的是，電子**真的**不喜歡觸碰彼此。

電子互斥的力量之大，導致你這輩子根本無法真正碰到任何東西。現在，你的臀部並未真正碰到椅子，而是飄在上面。以鐵鎚敲擊釘子時，鎚與釘也沒有真正碰觸彼此。

要讓兩個原子接觸，你需要的壓力是超過一隻手、鐵鎚或屁股能提供的。

在大自然中，這種壓力會出現在恆星中央。太陽就是靠著氫原子核互相碰撞而發熱，這過程稱為核融合。

在地球上要能產生這種壓力，必須透過爆炸。

想要和朋友握手、真正碰到對方的原子，你得先把手變成核彈並引爆。（備註：這很危險，請確保有大人在旁監督。）

但是對你、你朋友，還有你所在的城市來說，很不幸地，人體皮膚最常見的分子就是氫，而氫原子核融合時，會釋放出**巨大**的能量。

為了讓你們兩人的手**真正**握起來，必須引爆中型的氫彈。[85]

方圓二十哩（三十二公里）的一切，都將遭到三度輻射灼傷與神經損傷。方圓六哩內（九・六公里）的房屋全遭炸毀、三哩（四・八公里）內的人還會碰上足以毀壞摩天大樓的氣爆、兩哩（三・二公里）內的人會被巨大火球包圍。

對你和你的朋友來說，一切結束得很快。你們看到的第一件事情，也是最後一件。這是因為炸彈光芒會把人弄瞎，一點也不誇張。這光芒會灼傷你們的視網膜，就像過曝的照片，之後讓你的眼球與視神經汽化。

伴隨閃光而來的，是名符其實的電磁輻射大雜燴。若想知道這對你有什麼影響，先想像一下你走進微波爐，你的水分子會受到刺激，越動越快，越來越熱。之後你的水分變成蒸氣後擴散。水在壓力下擴張時，就像你的血管受到壓力而爆炸。你會噴得微波爐裡面到處都是。不過，微波爐只提供一點點低功率的電磁輻射，氫彈則是給你完整的光子輻射大餐：紅外線、可見光、紫外線、X射線與伽馬射線。

光子會把你已汽化的身體轟炸掉，毀壞把你的分子結合起來的原子鍵，將你分解成原子構件。

之後，還有更嚴重的事。

85　稍微講解一下技術細節：我們在這裡稍微便宜行事。核子彈內部產生的壓力與熱無法持續夠久，讓氫融合起來。要製作氫彈，物理學家使用的是在核分裂反應爐產生的氫同位素（重氫與超重氫），之後將這些同位素放進核子彈。要讓你和你朋友的手真正握到，就得把你們兩人放進核分裂反應器，或是讓你們在恆星內部握手。不過這兩種方法的幕後工作都太複雜，我們為了方便起見，就省略了這步驟。

你的分子彼此不再連結，但仍會像撞球一樣聚集。之後光子像撞球的母球一樣衝過來，撞擊你的原子，把你分散到和高中體育館一樣大的區域中。

接下來則是粒子。這些是移動緩慢的中子與電子，你該擔心的就是中子。它們會跟著你一個個原子跑，並改變原子核性質，讓你的遺骸產生輻射性。

核子彈移動得最緩慢的影響，就是超音速震波。這震動的威力會高速推開你變質、有輻射、離子化電漿的身體，劇烈地將你的原子，與曾經是你的那坨滾燙擴張的電漿雲全部攪和在一起。後來，你會被撒回地球上，成為10,000,000,000,000,000,000,000,000,000,000個分開的原子。大概是這個數字。

變成放大鏡底下的螞蟻會怎樣？

孩子們都知道，放大鏡可以讓螞蟻燒焦。幸好文具店沒賣大到可以把人燒焦的放大鏡，但只要有足夠的人數，加上許多鏡子，的確可以害某個人遭到比曬傷嚴重得多的傷害。

科幻作家亞瑟．查理斯．克拉克（Arthur C. Clarke，1917–2008）的作品《輕微中暑》（*A Slight Case of Sunstroke*）中，描述有位總統想出一個邪惡計畫，對付不公平的足球裁判。他給五萬名軍人免費的足球賽入場券，還給他們兩呎（六十公分）的反光節目單。軍人以為他們拿到的是用來喝倒彩的新奇方式，但總統可是包藏禍心。這裁判有回吹哨子、判球員犯規的時機特別過分，於是軍人全都用節目單反射陽光，瞄準裁判。結果這五萬個反射鏡讓裁判活活燒死。

這故事雖然是虛構的，但理論卻出奇完整。如果適當執行，根本不需要五萬名球迷。

克拉克並非第一個想到用陽光來當武器的人。

傳說中，阿基米德（Archimedes）令一百二十九名士兵手持銅盾牌朝敵船反射，燒毀敵船。阿基米德的技術當然無法實現這個情況，不過，一名麻省理工學院（MIT）學生的研究卻顯示這理論上行得通。

雖然不曾有人死於聚焦的陽光，每年卻有成千上萬的鳥因此而死。在美國西南部的莫哈維沙漠（Mojave Desert）的太陽能發電場上，排列著如車庫門大小的鏡子，將陽光聚焦成攝氏五百三十八度的光束。鳥類一旦飛過這裡，會馬上烤焦。

運用陽光當武器時，最大問題就是如何聚焦。太陽能電廠採用可動式鏡面與電腦演算法，解決這個問題。

要是某個物體反射出了十到十二個發光的方塊，大家就不容易把光聚焦在這個物體上，因為不知道要瞄準哪個方形。

美國空軍解決了瞄準的難題。他們的求生包中，有個稱為信號鏡的東西，這對於墜落地面的飛行員來說是很有用的工具。

能反射陽光的小鏡子可發出求救訊號，即使好幾哩外也能看見。使用反射鏡的竅門，在於把鏡子的反光瞄準目標。空軍使用的信號鏡有反射珠圍成的紅點，能像瞄準鏡那樣，讓你對準反射方向。

信號鏡的反射效果非常好。一九八七年，一名父子在大峽谷的科羅拉多河泛舟發生意外，就成功運用信號鏡，傳送求救訊號給三萬五千呎高空的客機。如果每個球迷的鏡子都有信號鏡，就能解決聚焦的問題。這麼一來，溫度會快速上升。長寬一呎（三十公分）的標準浴室鏡可接收一百瓦的太陽能量，而且每面鏡子接收多少熱，就反射多少熱。一面鏡子會反射一面鏡子所接收的熱、兩面鏡子反射兩面鏡子接收的熱，以此類推。

因此，如果你是克拉克故事中的裁判，你吹了幾次犯規哨子，偏偏又判得不好，那麼你恐怕逃不掉以下過程。如果球迷帶的是普通鏡子（正如書中所述），你倒是不用擔心。這樣反射的光芒太分散，頂多讓你稍微覺得熱，你還有充裕的時間，速速離開球場。

但另一方面，如果那是晴朗的天氣，而有一千名球迷帶著浴室鏡與信號鏡，你就得擔心了，因為他們會一起將十萬瓦的熱射向你胸部。這樣足以在幾分鐘內，把兩百磅（九十公斤）重的人煮熟。不過，你早在煮熟之前就已經死了。

有良好燃料的火焰可達攝氏四百二十七度——你的手一靠近火，就會立刻抽離。一千面鏡子的反射光所產生的溫度更高，將近五百三十八度。

你的細胞只能在很狹窄的溫度區間內運作。三十七度時很適合，但即使上升一度都會讓你不舒服，五度則可能致命。

幸好你已發展出許多方式，在炙熱環境中保持體內溫度涼爽。流汗、擴張血管及身體的隔熱，都能讓你在超過九十三度的房間裡活好幾分鐘。

但在極端環境下，一切可能發生得太快，你的防禦機制來不及反應。

如果一千面精確瞄準的鏡子朝著你反射光束，你走不到兩步就會死亡。你不會立刻起火，因為你體內有很多水分，讓你像潮溼的木頭。但你一呼吸，喉嚨的柔嫩皮膚就會燒焦，永遠無法使用。就算能撐個一、兩分鐘，最後仍會窒息。但別擔心，你根本撐不到那時。

相反地，你的體溫會飆升五度，大腦細胞停止運作，蛋白質則會變質（物理學家稱為煮熟）。

蛋白質若無法運送能量，身體就會失去功能，所以你將變成一塊死去的肉。

但你的身體會繼續煮，直到完全脫水，開始冒出火焰。這火焰會漸漸把你燒得只剩下骨骼與牙齒。

火葬場要加熱到八百一十六度，且需要兩個半小時的時間，才能把人燒成骨灰。因此，除非這些球迷很努力不懈，否則你至少會有幾顆牙與焦黑的骨頭留在球場上。

或許就像《輕微中暑》那樣，你死了之後，全場會短暫沉默。接下來，一個「想當然耳乖乖聽話的新裁判」上場，於是地主隊又奪回勝利。

把手伸進粒子加速器會怎樣？

一九七八年，俄羅斯科學家阿納托利．布戈爾斯基（Anatoli Bugorski）在視察俄羅斯最強的粒子加速器（能把亞原子粒子加速到接近光速的機器）「U–70」時，遭主粒子束打中後腦勺，並從鼻子穿出。他不覺得疼痛，只表示看到「宛如上千個太陽的閃光。」醫生速速把他送去醫院檢查，以為他會死於輻射中毒。不過，除了臉部癱瘓、偶爾癲癇、輕微輻射病及頭上有個小洞之外，布戈爾斯基並無大礙，繼續完成博士學位。

這是不是表示，你可以把手放進歐洲新的大型強子對撞機（Large Hadron Collider）？你會不會得到一個挺酷的傷疤，除此之外毫髮無傷？不。你和你的手都不會這麼幸運，畢竟俄羅斯U–70加速器的威力還不到大型強子對撞機的百分之一。

大型強子對撞機是世上最強大的粒子對撞機，可把在十七哩（二十七公里）圓型隧道內的質子，加速到0.9999999 c（時速僅比光速少七哩），並在世上最大的撞擊大賽中讓它們相撞。這撞擊威力相當強大，曾引發小社群強烈反彈，擔心會產生足以吞噬地球的黑洞（請參考〈跳進黑洞會怎樣〉一章，看看遭黑洞吞噬會發生什麼事）。

這質子束是由一千億個質子構成，若加速到接近光速，會帶有巨大能量，相當於四百噸的列車以時速百哩前進。

質子束的能量很強，可在一毫秒內在銅中鑽一百呎（約三十公尺）深。正因如此，多數加速器都指向地底，以免故障時質子束射向城市，造成傷亡。

這樣你該明白，為什麼不能把手伸進質子束了吧？但假設你沒看見警告標誌，仍然把手伸進去。那麼，第一個會出的問題是什麼？你的耳朵。

在大型強子對撞機中，碳纖維骨架引導質子束的前進。如果質子束偏離，會撞擊到碳纖維，而你的耳朵就好像站在演唱會的喇叭之前。之後，當科學家做完實驗，這質子束的能量就會被扔進當作質子阱（proton trap）的石墨塊，聽起來像是兩百磅（九十一公斤）的黃色炸藥（TNT）爆炸，足以震破耳膜。

因此，你得戴耳塞。但說真的，耳膜震破是最不嚴重的問題。更大的問題在於質子束的力量。

質子會毫無阻礙地通過你的手。質子束很小，寬度只和鉛筆的鉛芯差不多，且移動速度之快，你根本不會覺得痛。質子束很可能錯過你的骨頭，你的手或許能繼續正常運作，但只有手掌在非常非常靜止的時候是如此。

U-70俄羅斯反應器不僅力量比大型強子對撞機小得多，而且只打出一發，因此布戈爾斯基頭上只有一個洞。大型強子對撞機比較像質子機關槍，在兩秒內發射將近三千發。如果你在第一發時把手抽離，質子束就會把你的手切成兩半。

千萬別這麼做。

質子穿過你（但願是）靜止的手時，還會發生另一個更嚴重的問題。移動得這麼快的粒子必定有強烈的輻射。即使你離質子束好幾公尺，得到的輻射量還是會和照完整的胸腔X光一樣。

不過，如果質子束打到你，你究竟會得到多少輻射卻很難說。質子束本身帶有極大量的輻射，殺死你還綽綽有餘，不過大部分的輻射會錯過你。這是因為，雖然你認為你的手是靜止的，但從原子層次來看，其實是很大的空間。

如果你手上的一個原子放大成足球場的規模，那麼原子核就是在五十碼處的一粒彈珠。由於朝你發射的輻射子彈也相當小，多數都會錯過，因此饒了你一命，你不會馬上死。可惜的是，雖然大部分會錯過，但你可能被剛好夠多的輻射量擊中，於是緩慢而痛苦地死去。

即使U-70加速器不到大型強子碰撞機力量的百分之一，就差點讓布戈爾斯基死於輻射中毒。有鑑於此，我們敢打包票，大型強子碰撞機的質子束必定會奪去你的性命。質子束打到你手部時所產生的粒子，會以至少十西弗的輻射毒害你全身，而你的經歷會像一九九九年日本東海村核燃料製備場的意外中，兩名死亡的工作人員一樣。

大內久與篠原理人在製造小批量的核燃料時，因配方計算錯誤，導致混合物發生臨界事故。即使是接觸到致命的輻射量，受害者也不會立刻感到不適。症狀可能要經過幾個小時才會浮現。但是暴露在極端大量的輻射量時（例如你、大內久與篠原理人），症狀卻會馬上出現。

等到質子束穿過你的手，你眼前會馬上出現藍光，這是因為輻射通過你眼球液體的速度比光速還快（光速在水中的速度，比在真空慢三〇％），並產生看起來是藍色的電磁波，稱為「契忍可夫輻射」（Cherenkov radiation）。大內久與篠原理人都說看見房間變成藍色，然而安全攝影機卻未顯示任何顏色改變。

質子束的能量會讓你變熱，因此你除了覺得房間顏色變藍之外，也會感覺變得很熱。你也會馬上想吐，因為輻射攻擊胃壁。你的皮膚則嚴重灼傷，此外還呼吸困難，可能失去意識。

你的白血球數量會降到趨近零，免疫系統無法發揮作用，內臟慢慢受損。醫生能治療你的症狀，卻無法挽回遭到輻射毒害的器官。你會在四到八週內死亡，確切時間取決於你所接收到的輻射量及內臟損壞惡化的速度。

不過，你手上的洞會很小，遲早會癒合，只留下小小的傷疤。

手上這本書坍陷成黑洞會怎樣？

科學家初次提出大型強子撞擊器的計畫時，有些人激烈反對，擔心原子撞擊時產生小黑洞，吞噬整個地球。幸好沒發生這情況。照目前情況來看，人類的能力上尚不足以創造黑洞。幸好如此，畢竟連最小的黑洞，我們也該敬而遠之。要是這本書塌陷成黑洞，會衍生出一些情況，而且沒一件是好事。

無論什麼物體，只要擠壓得夠小，皆可變成黑洞。不過，多數物體無法變成黑洞，是因為沒有辦法能把那些東西縮到那麼小。我們目前所知，唯一可以把物體壓到那麼小並形成黑洞的，就是巨大質量恆星的自身重力。

任何物體都有重力場，但只有極為巨大的恆星（至少為太陽的二十倍大），才可能有足夠的重力，把自己壓縮得小到能產生黑洞。[86]

在宇宙發生大霹靂時，可能曾創造出很龐大的壓縮力，導致比巨大質量恆星還小的物體（例如和本書相同大小的物體）能塌陷得夠小，形成黑洞。

雖然這本書不太可能在你閱讀完後變成黑洞，但不表示絕對不可能。

這時你最好後退一點。

這本書的質量大約為一磅重（約四百五十公克）。塌陷成黑洞時，它仍有相同質量，只不過會非常、**非常**小，大約會比質子小一兆倍，何況質子還只是原子裡的一部分。

知名物理學家史蒂芬．霍金認為，黑洞並非完全是黑的，而是會蒸散出霍金輻射，直到死亡。大型黑洞會需要很長的時間蒸發（銀河中心的黑洞需要一古高爾年〔googol，十的一百次方〕），但《然後你就死了》這本小書的迷你黑洞，誕生後經過幾分之一秒就會消失。

不過，它不會默默消失。那幾分之一秒的剎那間，這本書會以廣島原子彈的五百倍能量爆炸。它會發射很亮的光芒，讓附近充斥各式各樣的光線，包括X光、伽馬射線，而空氣會離子化、加熱並發光。足以震垮建築的巨大震波蔓延好幾哩。

你和周圍的環境會完全毀滅，幸好這本書的資訊不會。

根據霍金等學者發表的最新理論，黑洞的資訊不會完全摧毀，只是我們不知道如何解讀黑洞的語言。

可惜的是，物理學家可能要成千上萬年後，才會解讀從黑洞中露出的資訊，屆時，英文與其他現行語言恐怕早已失傳。

雖然這本書不太可能變成黑洞，你也不太可能被炸、遭輻射毒害、汽化、變質、離子化，但也不無可能。因此我們要對未來打撈古代殘骸的物理學家說的話，一定要是他們能懂的。

我們要對這些未來人類說：☺

86 奇點到底有多小，看起來是什麼模樣？由於光無法從黑洞中逃逸，物理學家無法確認和黑洞有關的理論。所以我們無從得知。

在額頭貼上強力磁鐵會怎樣？

拿個廚房磁鐵貼到額頭上，接下來會怎樣？沒事，根本不痛不癢。

這是因為，你不受地球上最強力的磁鐵拉力影響。廚房磁鐵僅僅〇・〇〇一特斯拉（tesla），研究人員打造過世上最強的磁鐵，拉力高達四十五特斯拉。雖然這超強磁鐵可以把你吸起來（詳見後文），但是對你仍不會造成傷害。

但如果你想去其他地方找磁鐵呢？銀河系中最大的磁鐵是一種罕見的中子星，稱為「磁星」（magnetar），其磁力為一千億特斯拉，可以讓原子變形。

中子星是已發生過超新星爆炸的恆星，但不夠大，無法形成黑洞，因此被自身重力壓縮成密度超高的巨大原子核。磁星最初旋轉的速度很快，可散發出極強的磁場。

磁星是很厲害的磁鐵，如果以磁星取代我們的月亮，可把地球上的所有信用卡吸走。這麼強的磁力使它成為銀河系中最具毀滅力的星球。若我們在四十年前寫這本書，當時的人還不知道什麼是磁星，因此會認定你不可能死於銀河系中的磁力。但在一九七九年，一顆磁星發生星震，射向我們的射線比衛星過去偵測得到的伽瑪射線還高百倍，才讓我們注意它的存在。

二〇〇四年，威力更強大的磁星出現。在距離地球五萬光年處的一顆磁星，釋放出的能量相當於太陽二十五萬年所釋放的能量。其伽瑪射線燒毀了衛星，改變地球磁場。若那顆磁星發生星震時，你不巧在其一光年的範圍內，就會被X光射死。

若某個磁星並未發生星震，你可以靠近一點。不過，靠近到六百哩（約九百六十六公里）之內時，極大的磁力就會帶來問題。

你大概不知道自己也是個磁鐵，只不過磁力弱得可憐。構成身體八〇%的水，是一種反磁性的物質，意思是磁鐵的南極與北極都會排斥水。這表示，一個夠強的磁鐵會產生足夠斥力讓你飄浮起來。

科學家曾以十特斯拉的磁場，讓青蛙飄起——這磁力比磁振造影機（MRI）要強五倍（這實驗中沒有任何青蛙受到傷害）。若科學家打造出足以容納你的大型十特斯拉磁鐵，你也一樣會飄起。[87]

可惜你不可能毫髮無傷飄浮在磁星上，因為當你暴露於比磁振造影機強一千億倍的磁力時，體內有些作用會出問題。

現在，你的原子像沙灘球一樣，原子核周圍有電子以圓形軌道繞行。這是正常情況。但你的電子也有磁性。一旦你來到磁星周圍六百哩以內，磁力就會變得很強，扯掉你的電子，讓電子的軌道變成橢圓形。結果你的原子就不再是沙灘球形，而是雪茄形。這樣就不妙了。

若原子不再是圓形，你的蛋白質就會打開，而把原子結合成分子的連結會斷裂，瞬間把你分解成數十億個獨立原子。比方說，你不再是H_2O，而是變成兩個氫，一個氧。

這樣非常致命。

當磁力拉開你的分子，若有人正好開太空船經過並看見你，會發現你是閃閃發光的人形氣體。但這還不是你最後的狀態。

你的不同原子有不同的磁力特質，因此某些部分比其他部分更快被拉向磁星，於是你的「身體」會拉長。之後，磁星的重力會拉扯你。

---

87 我們相信這不會造成傷害，因此自願當第一個試驗者。

磁星很小，大約只和曼哈頓一樣，但密度非常高，擁有很強的重力場可把你拉過去。這拉力比星球的斥力還大。你會以拉長的形狀，速速朝磁星前進。

在附近觀察的人，會發現你最後的遺骸宛如煙囪冒出的一縷輕煙，快速往磁星前進，直到你鑽進其中。你的原子也會變成中子團，壓縮成一個紅血球的大小。

被鯨魚吞掉會怎樣？

舊約聖經曾說過約拿（Jonah）的故事。這位不服從的先知被鯨魚吞沒，在魚肚中度過三天三夜，最後被吐回沙灘，身體依然健康完整。目擊者不敢置信，對這神蹟驚奇不已，因此帶領罪惡的尼尼微人悔改。

海洋生物學家表示，進入鯨魚的肚腹很危險。看來，約拿可能真的得到外界援助，才得以存活。若想提高進入鯨魚胃部後的生存機率，最好找抹香鯨。多數鯨魚是吃浮游生物之類的微生物，喉嚨僅僅四、五呎（約一．二到一．五公尺）寬。若你進入藍鯨嘴裡，會發現鯨魚根本無法吞下你，你的旅程會因遭到六千磅重（約兩千七百公斤）的舌頭壓垮而畫下句點。

然而抹香鯨會吃大型獵物，例如巨魷，也曾有完整吞下四百磅重（約一百八十一公斤）動物的紀錄。因此理論上，抹香鯨會吞掉你。但即使你躲過鯨魚的牙齒與舌頭，來到鯨魚四個胃的第一個時，也會面臨不少問題。

鯨魚這種生物會脹氣，你在牠肚子裡發現的會是甲烷，而不是氧氣。雖然無毒，卻會讓你自然而然窒息。多數未經訓練的人類無法閉氣超過三十秒。對你多數的組織來說，缺氧並無大礙，可撐幾個小時不需重新供給。但你的大腦就另當別論了。一旦血液中的剩餘氧氣耗盡，大腦細胞就馬上邁向死亡。除非有強大外力介入，否則腦細胞在四分鐘之內，就會發生不可逆的傷害，幾分鐘後便完全腦死。

你還得面臨鯨魚胃部肌肉的擠壓。抹香鯨不咀嚼食物，而是靠第一個胃把獵物壓成小塊。因此你還沒機會被強力胃酸溶解，鯨魚胃部肌肉就會把你擠壓成類似顆粒花生醬的東西。

不過，還是有好消息。

抹香鯨的糞便是世上最昂貴的排泄物。其膽管的分泌物稱為龍涎香，是很珍貴的香料。一磅（約〇．四五公斤）龍涎香價值高達六萬美元。[88]

因此你在窒息、壓碎溶解、通過長達一千呎（約三百公尺）的腸道，並從鯨魚屁股排出之後，殘骸可能會沖到某處海岸。某個在做日光浴的幸運兒會揀起你形如耳屎、聞起來有糞味、蓋滿龍涎香的屍體，發一筆小財。這時，你就否極泰來了。香水業者會好好處理你，因此你的遺體不僅會變得好聞許多，安息之處也不會是地底坑洞或大海深處。某位女士會把你輕輕噴灑在她的脖子上，讓自己芬芳迷人。

想想看其他下場。你可能也會相信上蒼的力量。

88 下回去海邊時，留意有沒有一種堅硬、有臭味、看似巨大耳屎的乳黃或深棕色「岩石」。你也許可以靠那東西大賺一筆。

到深海潛艇外游泳會怎樣？

一九六〇年一月，兩名美國海軍派出潛水員，率先探索一款特殊設計的潛水艇，前往海洋最深處——馬里亞納海溝（Mariana Trench）。這道海床上的裂縫位於關島外海，深度大約七哩（海平面下一萬零九百一十一公尺）。這兩名潛水員是唐・沃爾什（Don Walsh）與雅克・皮卡爾（Jacques Piccard，瑞士籍深海探險家），花了將近五小時才抵達海底。他們只有二十分鐘的時間研究環境，便因為舷窗出現裂縫，得趕緊回到海面上。[89]在這趟短短的旅程中，他們做了些科學實驗與觀察，沒有離開潛水艇去游泳。

但要是他們去了會怎樣？

---

89 要是窗戶破了會怎樣？海洋的力量會讓海水衝進他們的窗戶，產生強大水流，足以切穿兩人，**以及**潛水艇的另一側，之後兩人就會被壓垮。

任何曾在泳池底部游泳的人，都會告訴你在水下幾呎時就有遭到擠壓的感覺，尤其是耳朵。在七哩深的海洋，壓力會增加一千倍左右。你坐在泳池底下時，身體承受十二呎深的水重量，相當於每平方吋（六．四五平方公分）五磅（二．三公斤）的重量。在馬里亞納海溝，你會承受每平方吋一萬五千七百五十磅（七．一公噸）的重量。出乎意料的是，這龐大重量可能不會壓碎你的身體，至少不會壓碎你的全身。這是因為人體除了少數部位之外，幾乎是由水構成，而水是無法壓縮的。但很可惜，你不**完全**是水——那些充滿空氣的部分會出岔子。

你一走出潛水艇，便會耳膜破裂、鼻腔塌陷、喉嚨內凹。很糟吧！但更嚴重的是，你的胸部會因為肺部擠壓而塌陷。肺部則壓縮成只有乒乓球大小，且充滿水。你體內的氣腔都會被壓垮，直到你擠成人形肉塊。[90]

但你的外表看起來如何或許不再重要，反正再也不會有人見到你。體內的氣腔坍塌，因此屍體不會浮到海面上。細菌在低溫下很難生存，因此屍體腐化得很慢。最可能的情況是，你的肉會被各種海底生物吃掉，骨頭則被食骨蟲啃光。食骨蟲通常吃鯨魚骨，但可能會為你破例。

90 外頭也會很冷。雖然在馬里亞納海溝的海面上，你可以穿著泳衣，但是冷水的密度比暖水高，因此會往下沉。一旦踏出潛艇，就身陷攝氏一度的水（大約四十五分鐘即可奪命），但因為你的臉也會被壓碎，因此我們不認為你會在乎溫度的問題。

站在太陽表面會怎樣？

雖說人的生命脆弱，但是構成人體的物質卻不是如此。無論你跳進火山，或遭隕石擊中，至少會有幾個原子倖存。但如果你決心死得不留痕跡，不妨試試太陽。

最快抵達太陽（雖然不是最省燃料）的方式，就是跌進太陽。[91]目前地球以每小時六萬七千哩（約十萬八千公里）的速度繞行太陽——繞行軌道只是朝某物體掉落，但因為是很快地偏斜運行，所以總是錯過這物體。因此要抵達太陽，只要停止水平速度即可。

首先，你得先脫離地球的重力，大約一百萬哩（比月亮遠四倍）的距離應該就夠

91 雖然不省燃料，但挺環保，因為你把這些化石燃料完全帶到地球之外。你的太空船會比任何油電混合車還環保。

了。之後發射反推進火箭，讓你繞行太陽軌道的速度從每小時六萬七千哩降至〇。

之後你會開始加速。等到抵達太陽時，你的運行速度會是每秒三百八十四哩（約六百四十八公里），或每小時一百四十萬哩（約兩百二十五萬公里），顯然超越人類有史以來所達到的速度極限。你只要六十五天就可以抵達。前六十四天的旅程很順利，只需要有隔離X射線與熱的防護罩即可——我們推薦碳纖維防護罩，航太總署即將送向太陽的無人太空船「太陽探測器＋」（Solar Probe Plus）即採用這種防護罩。有了碳纖維防護罩，即使在攝氏一千三百七十一度的高溫（距離太陽的可見表面〔又稱為光球〕還有四小時路程），你仍受到保護，太空船內部依然可保持室溫。

可惜在你下降的最後四個小時，溫度會超過防護罩的耐熱上限。太陽最外層的大氣稱為「日冕」，太陽磁場會把日冕加熱到一百一十一萬度。由於你處在真空中，一開始只會感覺到約五千五百三十八度從太陽表面輻射的熱。但這已足以汽化你的防護罩、太空船與你本人。

在太陽日冕度過一段時間之後，你剩下的物質會慢慢煮到一百一十一萬度，於是你會成為物質的第四態——高度離子化的電漿。在那種狀態下，太陽磁場會抓住你，把你拉扯得猶如細長的義大利麵條，環繞在太陽周圍，之後又把你彎曲扭轉成光弧。

瞄準太陽的太空望遠鏡都能目睹這美景。

你也可能回到家園。一旦你縮小，太陽磁場會很快把你拋向太空，讓你在幾天之內橫越一億哩的距離回到地球。

目前我們所描述的狀況，都是可行的。只要太空總署願意，你就可望成為高度離子化的電漿。但我們姑且放下現實考量，提升你的隔熱罩性能，讓你前進到日冕底下，抵達太陽的可見表面。[92]

一旦你離開幾乎真空的日冕，進入太陽大氣層，來到可見表面，溫度就會下降到相對溫和的攝氏五千五百三十八度左右。

假設隔熱罩依舊完好，你會先注意到的應該是聲音。太空中沒人能聽到你尖叫，也聽不到太陽震耳欲聾的怒吼。若聲音能完好穿過太空，太陽的聲音就會像轟隆隆的摩托車那樣，傳到地球上的我們耳中。在太陽表面，太陽氣泡爆破時的聲音會令人耳聾，比站在演唱會喇叭前還要大一百倍，掀起的震波足以毀壞你肺部的肺泡。

---

92 太陽並沒有表面，和木星一樣都是氣體，但有一層很厚的離子化氣體，讓我們無法看穿。這就是我們所稱的太陽表面。

假設你準備了超強力隔熱罩，遂來到這氣體恆星的中央。太陽和木星的最大差異不在於組成成分，而是每種成分的多寡（主要是氦與氫）。太陽比木星大上千倍，表示中心的溫度與壓力非常高，會發生核反應。站在核反應附近相當危險，參與其中更是危險。

太陽內部的溫度高達一百五十萬度左右，壓力則是地表的兩千五百億倍，這對你的氫成分很不好（也就是你的絕大部分）。在這溫度之下，氫原子以高速移動，彼此撞擊，後來再融合成氫的同位素氘與氚。接著這些同位素彼此撞擊，產生氦原子核，你就成為慢動作的氫彈。

要注意的是，雖然太陽會產生熱，但你更能生熱。你坐在沙發上把食物轉成能量時，生產的熱比同重量的太陽還多。太陽之所以這麼熱，是因為體積龐大。如果你和太陽一樣大，你所產生的化學能將成為銀河中最熱的恆星。

所以，如果你有辦法進入太陽內部，會在遭到輻射與汽化前的短短一瞬間，讓太陽變得更暖一點。

像餅乾怪獸吃那麼多餅乾會怎樣？

胃空空的時候，約與拳頭一樣大，恐怕是塞不進大餐。幸好胃壁可擴張，因此在點心時間，你可以一片接一片吃餅乾。

不過，胃不可能永無止境延伸，但掌管食物吞嚥的肌肉，能把更多餅乾硬塞進你的胃袋，超出胃的負荷。

這樣就會出問題。

餅乾怪獸（Cookie Monster）當然是塞餅乾達人。他在《芝麻街》（*Sesame Street*）出現的集數高達四千三百七十八次，而根據不太精準的研究顯示，他每集大約吃三片餅乾，因此總共吃了一萬三千一百三十四片餅乾。雖然數量驚人，但如果分散在已播了四十五年的電視節目中，其實還挺安全的。

但如果你想跟餅乾怪獸一較高下，打算一口氣吃掉這麼多餅乾呢？

吃飽在醫學上稱為「飽足感」（Satiety）。這是個很複雜的過程，不僅牽涉到所攝取的食物份量，還與食物所含的熱量有關。不同熱量引發的反應各異，蛋白質和纖維可增加飽足感，而碳水化合物與脂肪則比較沒有飽足的效果。

從胃部送到大腦的訊號會有點延遲。你的大腦需要十五到二十分鐘，才會收到訊息，這表示你吃得越快，就會把越多餅乾塞進胃裡，後來才發現吃太飽。

多數人在吃下相當於二十五片餅乾之後，都會覺得飽足——和餅乾怪獸狂吃一次的量差不多。當然，胃可以撐大，因此二十五片不是物理極限，而大胃王的參賽者還會運用一些技巧，讓胃袋變大。

首先，纖瘦的體格會有幫助。吃了十一磅重餅乾如何還能保持纖瘦，實在很弔詭，但少了脂肪的阻礙，你的胃會有更多空間往外擴張。

第二，在吃一大堆餅乾之前，可先做些準備。前一晚吃些低熱量、體積大的食物（例如葡萄），可以伸展你的胃，幫助胃再次擴張。

對餅乾怪獸與你來說，六十片餅乾是個瓶頸，要再塞更多餅乾就比較難。（這裡說的是一般大小的巧克力豆餅乾，不是更大片的餅乾。）

除非你已吃下六十片餅乾很多次（因此抑制了咽反射），否則你會反胃嘔吐。不過，這是好事：六十片餅乾相當於四公升的食物，也相當於你胃的極限。[93]

我們會知道胃的物理極限，是因為德國醫生亞格．基亞伯格（Algot Key-Åberg，1854–1918）。他在十九世紀晚期，曾幫一名過度吸食鴉片的病人洗胃，把水打進他的胃。不幸的是，病人因吸毒而抑制了正常的嘔吐反應，於是胃像裝太多水的汽球那樣破裂，使他死在手術檯上。

這件事引起基亞伯格的好奇心。他開始以屍體做實驗，想得知人類胃部真正的延展容量。他的結論是，一般的胃可以容納四公升的食物才爆破（想像一下：兩罐胖胖瓶汽水放在一起。如果你吃喝超過了這個量，就會接近我們所謂的胃的爆點。）

多數人的胃納量都有這限制，只有少數幸運兒例外。有些人已在大庭廣眾下，展現他們通過四公升標準的考驗。若你有練過，加上有胃部彈性好的基因天賦，你可能可以吃更多。熱狗冠軍喬伊．切斯納（Joey Chestnut）曾在十分鐘內吃六十九根熱狗，相當於九．五公升食物，或是一百三十片巧克力豆餅乾。

93 患有暴食症的人特別容易受傷，因為他們的身體已適應過飽的胃，抑制了咽反應。倫敦有個時尚模特兒有一回一口氣吃了十九磅的食物（相當於八十片餅乾）就因為胃破裂而死。

但假設你的胃部缺乏天賦，你會在吃到第九十片餅乾時出亂子（也就是六公升食物）。

胃部最脆弱的地方是胃小彎。想像一下你的胃形狀像蠶豆，胃小彎就是豆子往內彎的地方。餅乾會先從這裡爆出。

人體內臟不太能抵抗餅乾上的細菌。一旦餅乾爆出，產氣莢膜梭狀芽孢桿菌（Clostridium perfringens）[94]就會在你的腸子上滋生，引發氣性壞疽（gas gangrene）。它會毀壞活的組織，產生氣體，會在腸道讓壞死與腐敗的物質爆炸，沾染得到處都是。

為了對抗大規模細菌入侵，你的免疫系統會派出大量化學物質，前往受感染的部分。這就稱為敗血性休克（septic shock），將身體的免疫機制變成大範圍感染，結果可能非常嚴重，導致喪命。這是如何發生的？發炎、血栓與血流減少。你的脈搏會加快，將更多血液打到重要器官，導致體溫過低，於是氣性壞疽（gas gangrene）就出現了。

氣性壞疽發生在壞死組織中，靠著組織防護，白血球與抗生素無法深入。一旦身體到了這個地步（發展速度很快），即使再先進的醫藥也很可能愛莫能助。你在幾個小時內，心臟就無法得到足夠的氧氣來維持心跳。你會心搏停止，邁向完全腦死。

話雖如此，你可能在這情況發生之前就死了。別忘了，尚未伸展的胃大約是你的拳頭大小。因此在裝了六公升的餅乾之後，胃部就會是正常大小的二十倍以上。這時會妨礙其他的身體機能。胃部下方掐住了把腸子的血送回心臟的血管。

此外，還有呼吸問題。胃是往上擴張的，因而擠壓到你的肺。比正常尺寸大了二十倍的胃，會擠壓肺部空間，結果你就因為餅乾而窒息。

在窒息、胃爆炸與腸子缺氧致死（先別管敗血性休克）之間，醫療人員像打仗般挽救你。醫療人員與死神雙方競爭激烈，最後結果，或許得看消化過程產生了多少氣體而定。在吃了六十多片的餅乾之後，消化後產生氣體的副作用，可能讓你胃部的壓力超過實體負荷。胃可能會劇烈爆炸，把致命的巧克力豆餅乾噴向所有內臟。

換言之，你打嗝致死。

---

94 別在Google上搜尋這個詞的圖片。

謝詞

若少了諸多創意十足、極為慷慨的人出手相助，本書恐無法完成。我們無法在有限篇幅中，完整列出這些人的名字，但如果不提及幾位必須特別感謝的人，恐怕相當失禮。

感謝家人給予廣泛的建議，從列舉項目時是否在對等連接詞前面使用牛津逗號（Oxford comma）到書名，都不吝指教。感謝朋友提出無數愚蠢與認真的問題；感謝我們在人生中遇見的好老師，包括在學校、開會、客廳、營火邊與網路等各處遇見的良師益友。

感謝才華洋溢的凱文・普拉特納（Kevin Plottner），為本書畫出精彩的小人圖示，然後把他們殺掉。感謝艾莉亞・哈比（Alia Habib）與麥克康米克（McCormick）版權公司願意冒險。感謝編輯梅格・利德（Meg Leder）與企鵝出版公司（Penguin）全體團隊的協助。

參考資源與延伸閱讀

不夠恐怖嗎？以下整理出我們最喜歡的部分參考資源。若前面的文章無法滿足你，不妨一探下列資源。你可以看到更多關於工廠意外、鯊魚攻擊、空軍實驗等事件的詳細說明。

飛機窗戶脫落會怎樣？

一般人體比例
http://www.fas.harvard.edu/~loebinfo/loebinfo/Proportions/humangure.html

英國航空機師被吸出擋風玻璃的真實故事
http://www.theatlantic.com/technology/archive/2011/04/what-to-do-when-your-pilot-gets-sucked-out-the-plane-window/236860/

被大白鯊攻擊會怎樣？

美國無故受到鯊魚致命攻擊的事件
https://en.wikipedia.org/wiki/List_of_fatal,_unprovoked_shark_attacks_in_the_United_States

血管傷害治療
http://www.trauma.org/archive/vascular/PVTmanage.html

踩到香蕉皮滑倒會怎樣？

香蕉皮的摩擦係數
Frictional Coefficient under Banana Skin, https://www.jstage.jst.go.jp/article/trol/7/3/7_147/_article

人類頭顱的堅固程度與顱骨骨折的物理學
Gary M. Bakken, H. Harvey Cohen, and Jon R. Abele, Slips, Trips, Missteps and Their Consequences, 119

被活埋會怎樣？

雪崩罹難者的死亡進程
H. Stalsberg, C. Albretsen, M. Gilbert, et al., *Virchows Archiv A Pathol Anat 414* (1989): 415 http://link.springer.com/article/10.1007%2FBF00718625

封閉空間的生存等式
http://www-das.uwyo.edu/~geerts/cwx/notes/chap01/ox_exer.html

二氧化碳累積致死
http://www.blm.gov/style/medialib/blm/wy/information/NEPA/cfodocs/howell.Par.2800.File.dat/25apxC.pdf

被蜂群圍攻會怎樣？

史密特蟲螫疼痛指數完整版
Justin O. Schmidt, *The Sting of the Wild*

《國家地理雜誌》的史密斯專訪
http://phenomena.nationalgeographic.com/2014/04/03/the-worst-places-to-get-stung-by-a-bee-nostril-lip-penis/

史密斯研究身體各部位的蜂螫疼痛程度
https://doi.org/10.7717/peerj.338

被隕石擊中會怎樣？

隕石價格
http://geology.com/meteorites/value-of-meteorites.shtml

隕石引發海嘯
https://www.sfsite.com/fsf/2003/pmpd0310.htm

沒了頭會怎樣？

費尼斯・蓋吉的故事
Malcolm Macmillan, *An Odd Kind of Fame: Stories of Phineas Gage*

水腦症個案研究
Dr. John Lorber, "Is Your Brain Really Necessary?" http://www.rifters.com/real/articles/Science_No-Brain.pdf

戴上全世界最大聲的耳機會怎樣？

史上最巨大的聲響
http://nautil.us/blog/the-sound-so-loud-that-it-circled-the-earth-four-times

要吶喊多久才能加熱一杯咖啡？
http://www.physicscentral.com/explore/poster-coffee.cfm

在下一趟登月任務偷渡會怎樣？

處於真空狀態的人類
http://www.georeylandis.com/vacuum.html

處於低壓環境的人類
https://www.sfsite.com/fsf/2001/pmpd0110.htm

被綁在科學怪人機會怎樣？

電流對人體的影響
http://www.ncbi.nlm.nih.gov/pmc/articles/PMC2763825/

電梯纜線斷了會怎樣？

尼可拉斯・懷特卡在電梯的故事
http://www.newyorker.com/magazine/2008/04/21/up-and-then-down

在桶中從尼加拉瀑布滾下來會怎樣？

尼加拉瀑布的大膽之士
http://www.niagarafallslive.com/daredevils_of_niagara_falls.htm

美國航太總署關於會致命的墜落高度研究
http://ntrs.nasa.gov/archive/nasa/casi.ntrs.nasa.gov/19930020462.pdf

自由落體計算機
http://www.angio.net/personal/climb/speed

睡不著會怎樣？

剝奪老鼠睡眠
http://www.ncbi.nlm.nih.gov/pubmed/2928622

藍迪・加德納的故事與其他關於剝奪睡眠的神經學發現
http://archneur.jamanetwork.com/article.aspx?articleid=565718

遭雷擊會怎樣？

關於閃電的專書
Martin A. Uman, *All About Lightning*

雷擊的確切時機與心跳
Craig B. Smith, *Lightning: Fire from the Sky*, 44

富蘭克林與靜電學
https://www.sfsite.com/fsf/2006/pmpd0610.htm

在全世界最冷的澡盆泡澡會怎樣？

歐洲核子研究組織（CERN）事故報告
https://cds.cern.ch/record/1235168/files/CERN-ATS-2010-006.pdf

液態氦的體積
http://www.airproducts.com/products/Gases/gas-facts/conversion-formulas/weight-and-volume-equivalents/helium.aspx

超寒冷低溫
https://www.sfsite.com/fsf/2010/pmpd1007.htm

從外太空高空跳傘下來會怎樣？

計算軌道速度
http://hyperphysics.phy-astr.gsu.edu/hbase/orbv3.html

大氣層的落體
http://www.pdas.com/falling.html

時光旅行是什麼情況？

太陽的歷史
http://www.space.com/22471-red-giant-stars.html

遙遠未來的時間表
http://www.bbc.com/future/story/20140105-timeline-of-the-far-future

地球大氣層的氧氣歷史
https://en.wikipedia.org/wiki/Atmosphere_of_Earth#/media/File:Sauerstogehalt-1000mj2.png

活在恐龍的時代是什麼情況？
http://www.robotbutt.com/2015/06/12/an-interview-with-thomas-r-holtz-dinosaur-rock-star/

通用可食性測試
http://www.wilderness-survival.net/plants-1.php#g9_5

化石紀錄的過往
https://www.sfsite.com/fsf/2015/pmpd1507.htm

陷入踩踏事故會怎樣？

站立人群的密度
http://www.gkstill.com/Support/crowd-density/CrowdDensity-1.html

通過人群推擠與預防策略
http://www.newyorker.com/magazine/2011/02/07/crush-point

跳進黑洞會怎樣？

掉進黑洞
https://www.sfsite.com/fsf/2015/pmpd1501.htm

麵條化
Neil de Grasse Tyson, *Death by Black Hole: And Other Cosmic Quandaries*

搭上鐵達尼號，卻沒搭上救生艇會怎樣？

大腦凍僵會怎樣
http://www.fasebj.org/content/26/1_Supplement/685.4.short

這本書怎麼殺人？

炸彈熱量測量器
http://www.thenakedscientists.com/forum/index.php?topic=14079.0

老化死亡是什麼情況？

微生命的增減
http://www.scienticamerican.com/article/how-to-gain-or-lose-30-minutes-of-life-everyday/

岡珀茨人類死亡率的簡單說明
http://www.ncbi.nlm.nih.gov/pubmed/18202874

困在以下環境會怎樣？

標準大氣層高度
http://www.engineeringtoolbox.com/standard-atmosphere-d_604.html?v=8.3&units=psi#

美軍求生指南，第七章—別喝尿
http://www.globalsecurity.org/military/library/policy/army/fm/21-76-1/fm_21-76-1survival.pdf

讓禿鷹養大會怎樣？

生肉的成分
http://time.com/3731226/you-asked-why-cant-i-eat-raw-meat/

新大陸禿鷹的菌群
http://www.nature.com/ncomms/2014/141125/ncomms6498/full/ncomms6498.html

為什麼不要驚嚇禿鷹
http://animals.howstuworks.com/birds/vulture-vomit.htm

當成火山的祭品會怎樣？

地質學家真的掉進熔岩（並生還）
http://articles.latimes.com/1985-06-14/news/mn-2540_1_kilauea-volcano

有機體掉進熔岩坑的影片
https://www.youtube.com/watch?v=kq7DDk8eLs8

一直賴床會怎樣？

二〇一六年美國最安全的州
https://wallethub.com/edu/safest-states-to-live-in/4566/

挖個從美國通到中國的洞跳下去會怎樣？

地球結構
http://hyperphysics.phy-astr.gsu.edu/hbase/geophys/earthstruct.html

地球各深度的氣溫
http://en.wikipedia.org/wiki/Geothermal_gradient#/media/File:Temperature_schematic_of_inner_Earth.jpg

對立面地圖（用來找出你應該從哪裡挖掘）
http://www.findlatitudeandlongitude.com/antipode-map/#.VS6rxqWYCyM

你通過地球的確切所需時間（不均勻地球的重力隧道）
http://scitation.aip.org/content/aapt/journal/ajp/83/3/10.1119/1.4898780

參觀品客洋芋片工廠時，從空中走道掉下去會怎樣？

過去的工廠死亡事件
Factory Inspector, April 1905

用巨型手槍來玩俄羅斯輪盤會怎樣？

微亡率資料來源
http://danger.mongabay.com/injury_death.htm

常見風險的微亡率
http://www.riskcomm.com/visualaids/riskscale/datasources.php

日常風險的圖說
http://static.guim.co.uk/sys-images/Guardian/Pix/pictures/2012/11/6/1352225082582/Mortality-rates-big-graph-001.jpg

前往木星旅行會怎樣？

木星大氣層
http://lasp.colorado.edu/education/outerplanets/giantplanets_atmospheres.php

伽利略號探測器
http://nssdc.gsfc.nasa.gov/nmc/spacecraftDisplay.do?id=1989-084E

行星大氣層
https://www.sfsite.com/fsf/2013/pmpd1301.htm

吃了世上最毒的物質會怎樣？

H型肉毒桿菌的發現
Jason R. Barash and Stephen S. Arnon, *Journal for Infectious Diseases,* October 7, 2013 http://jid.oxfordjournals.org/content/early/2013/10/07/infdis.jit449.short

利特維年科事件調查，羅伯．歐文／撰（*The Litvinenko inquiry: Report into the death of Alexander Litvinenko* by Robert Owen）
http://www.nytimes.com/interactive/2016/01/21/world/europe/litvinenko-inquiry-report.html

住在核冬天會怎樣？

優秀射手險釀戰爭的解密報告
http://nsarchive.gwu.edu/nukevault/ebb533-The-Able-Archer-War-Scare-Declassified-PFIAB-Report-Released/2012-0238-MR.pdf

核冬天的毀滅情況
http://www.helencaldicott.com/nuclear-war-nuclear-winter-and-human-extinction/

電腦模型顯示發生核戰後的地球
http://www.popsci.com/article/science/computer-models-show-what-exactly-would-happen-earth-after-nuclear-war

核戰的環境衝擊
http://climate.envsci.rutgers.edu/pdf/ToonRobockTurcoPhysicsToday.pdf

國際防止核戰爭醫生組織關於核戰飢荒的研究
http://www.ippnw.org/nuclear-famine.html

到金星度假會怎樣？

太陽系降落傘
https://solarsystem.nasa.gov/docs/07%20-%20Space%20parachute%20system%20design%20Lingard.pdf

金星的閃電
http://www.space.com/9176-lightning-venus-strikingly-similar-earth.html

被蚊子圍攻會怎樣？

巴拿馬運河興建期間的蚊子威脅
http://www.economist.com/blogs/economist-explains/2014/10/economist-explains-2

在加拿大苔原每分鐘被蚊子叮超過九千次
Richard Jones. *Mosquito*, 51

變成人體砲彈會怎樣？

大砲砲口的速度
http://defense-update.com/products/digits/120ke.htm

被帝國大廈頂樓掉下的一美分硬幣打中會怎樣？

一美分硬幣的終端速度
http://www.aerospaceweb.org/question/dynamics/q0203.shtml

如何用嘴巴接住葡萄
George Plimpton, *George Plimpton on Sports,* 187

籃球的恢復係數
http://blogmaverick.com/2006/10/27/nba-balls/3/

跟別人「真正」握到手時會怎樣？

太陽內部核融合產生的能量
http://solarscience.msfc.nasa.gov/interior.shtml

高能物理學的質子—質子鏈反應
http://hyperphysics.phy-astr.gsu.edu/hbase/astro/procyc.html

變成放大鏡底下的螞蟻會怎樣？

麻省理工學院關於阿基米德死亡光線的影片說明
http://web.mit.edu/2.009/www/experiments/deathray/10_ArchimedesResult.html

把許多雷射光集中在一小點
https://www.sfsite.com/fsf/2001/pmpd0101.htm

把手伸進粒子加速器會怎樣？

大型強子對撞機
http://home.cern/topics/large-hadron-collider

頭卡在粒子加速器的人
http://www.extremetech.com/extreme/186999-what-happens-if-you-get-hit-by-the-main-beam-of-a-particle-accelerator-like-the-lhc

手上這本書坍陷成黑洞會怎樣？

硬幣變成黑洞會怎樣
http://quarksandcoffee.com/index.php/2015/07/10/black-hole-in-your-pocket/

在額頭貼上強力磁鐵會怎樣？

什麼是磁星？
http://www.scienticamerican.com/article/magnetars/

磁浮力
http://www.ru.nl/hfml/research/levitation/diamagnetic/

強力磁場的物理學
https://arxiv.org/abs/astro-ph/0002442

被鯨魚吞掉會怎樣？

抹香鯨的喉嚨大小
http://www.smithsonianmag.com/smart-news/could-a-whale-accidentally-swallow-you-it-is-possible-26353362/?no-ist

龍涎香的說明與價值
http://news.nationalgeographic.com/news/2012/08/120830-ambergris-charlie-naysmith-whale-vomit-science/

到深海潛艇外游泳會怎樣？

在壓力過大的房間死亡
https://www.cdc.gov/niosh/docket/archive/pdfs/NIOSH-125/125-ExplosionsandRefugeChambers.pdf

壓力與海洋深度
http://hyperphysics.phy-astr.gsu.edu/hbase/pu.html

站在太陽表面會怎樣？

太陽的X射線
http://sunearthday.nasa.gov/swac/tutorials/sig_goes.php

像餅乾怪獸吃那麼多餅乾會怎樣？

亞格・基亞伯格醫師關於胃極限的研究
The Lancet, September 19, 1891, 678 General Use and Inspiration

概念與靈感

《超完美風暴》，賽巴斯提安・鍾格／著（Sebastian Junger, *The Perfect Storm*）, 141.
《如果這樣，會怎樣？》，藍德爾・門羅／著（Randall Munroe, *What If?*）
《世界末日的九種可能》，菲利普・普雷特／著（Phil Plait, *Death from the Skies!*）
《物理馬戲團Q&A》，沃克／著（Jearl Walker, *The Flying Circus of Physics with Answers*）
Hyperphysics: http://hyperphysics.phy-astr.gsu.edu/hbase/hph.html

臉譜書房

然後你就死了

And Then You're Dead

作　　者　柯迪．卡西迪（Cody Cassidy）、保羅．道爾蒂（Paul Doherty）
譯　　者　呂奕欣
書封設計　蔡佳豪

總 經 理　陳逸瑛
總 編 輯　劉麗真
業　　務　陳玫潾、林佩瑜
行銷企畫　陳彩玉、朱紹瑄
責任編輯　林欣璇、廖培穎

城邦讀書花園
www.cite.com.tw

發 行 人　凃玉雲
出　　版　臉譜出版
城邦文化事業股份有限公司
台北市民生東路二段141號5樓
電話：886-2-25007696　傳真：886-2-25001952

發　　行　英屬蓋曼群島商家庭傳媒股份有限公司城邦分公司
台北市中山區民生東路141號11樓
客服專線：02-25007718；25007719
24小時傳真專線：02-25001990；25001991
服務時間：週一至週五上午09:30-12:00；下午13:30-17:00
劃撥帳號：19863813　戶名：書虫股份有限公司
讀者服務信箱：service@readingclub.com.tw
城邦網址：http://www.cite.com.tw

香港發行所　城邦（香港）出版集團有限公司
香港灣仔駱克道193號東超商業中心1樓
電話：852-25086231或25086217　傳真：852-25789337
電子信箱：hkcite@biznetvigator.com

新馬發行所　城邦（新、馬）出版集團
Cite（M）Sdn. Bhd.（458372U）
41, Jalan Radin Anum, Bandar Baru Sri Petaling,
57000 Kuala Lumpur, Malaysia.
電話：603-90578822　傳真：603-90576622
電子信箱：cite@cite.com.my

初版一刷　2018年5月

I S B N　978-986-235-665-4
定價340元
（本書如有缺頁、破損、倒裝，請寄回本社更換）

國家圖書館出版品預行編目資料

然後你就死了／柯迪．卡西迪（Cody Cassidy），保羅．道爾蒂（Paul Doherty）著；呂奕欣譯. -- 初版. -- 臺北市：臉譜出版：家庭傳媒城邦分公司發行, 2018.05
面；　公分. --（臉譜書房）
譯自：And Then You're Dead
ISBN 978-986-235-665-4（平裝）

1.人體生理學　2.人體解剖學　3.問題集

397.022　　107005574